集人文社科之思 刊专业学术之声

集 刊 名：中国食品安全治理评论
主办单位：食品安全风险治理研究院、江苏省食品安全研究基地
主　　编：吴林海
执行主编：浦徐进
副 主 编：尹世久 王建华

CHINA FOOD SAFETY MANAGEMENT REVIEW 2019

2019年第1期 总第10期

集刊序列号：PIJ-2014-096
中国集刊网：www.jikan.com.cn
集刊投约稿平台：www.iedol.cn

中国食品安全治理评论

2019年第1期
总第10期

CHINA FOOD SAFETY MANAGEMENT REVIEW

食品安全风险治理研究院
江苏省食品安全研究基地 主办

主编　吴林海
执行主编　浦徐进
副主编　尹世久 王建华

2019
Number 1
Volume 10

食品供应链与风险防范

目　录

本刊特稿

食品安全监管与风险治理

食品安全消费可追溯体系

CONTENTS

Special Report

Food Safety Regulaition and Risk Governance

Traceability System of Food Safety Consumption

Food Supply Chain and Risk Prevention

本刊特稿

以“四个最严”为遵循　科学治理食品安全风险[*]

吴林海　李　壮[**]

摘　要：2019年5月9日，中共中央、国务院印发了《关于深化改革加强食品安全工作的意见》，明确将“四个最严”确立为新时代我国食品安全工作的重要指导方针。本文分析了新时代食品安全风险治理的复杂性与艰巨性，阐述了“四个最严”的本质内涵，认为“四个最严”是对食品安全风险治理国际经验与国内实践的科学总结，是新时代破解食品安全风险治理的科学之道、现实路径，必须长期坚持。在此基础上，提出了以“四个最严”为指导提升食品安全风险治理水平的建议，主要是：依靠科技进步，构建新颖的食品安全标准体系；把握科学规律，建立统一权威的食品安全监管体制；突出执法重点，形成不敢、不能、不想违规违法的法治环境；大胆探索实践，建立与地方党委、政府负总责相匹配的问责体系。

关键词：“四个最严”　本质内涵　食品安全风险　科学治理

一　引言

中国特色社会主义进入了新时代。新时代人民群众对食品安全的期

---

[*] 本文是江苏省社科重大项目“新时代江苏食品安全战略研究（18ZD004）”阶段性研究成果。

[**] 吴林海，博士、博士生导师，江南大学食品安全风险治理研究院首席专家，江南大学商学院教授，主要从事食品安全风险治理研究；李壮，江南大学商学院硕士研究生，主要从事食品生产者行为研究。

望更高，食品安全需求范围更广，充分实现食品质量安全供给的均等化呼声更强。虽然我国食品安全风险治理取得了巨大成就，但是食品安全工作仍然面临一系列的困难和挑战。作为中华人民共和国历史上第一个以中共中央、国务院名义出台的《关于深化改革加强食品安全工作的意见》（以下简称《意见》）对此专门进行了阐述，并且鲜明地指出这些困难和挑战已经成为全面建成小康社会、全面建设社会主义现代化国家的明显短板。《意见》站在新时代党和国家事业发展全局的高度，贯穿以人民为中心的中国共产党人的初心和使命，基于全面建设社会主义现代化国家的“两步走”战略安排，进一步阐述了食品安全工作在党和国家事业全局中的地位，内在地规定了食品安全工作的基本原则、奋斗目标、行动步骤、组织方式等，宣示了新时代继续科学治理食品安全风险的决心和信心，发出了新时代继续科学攻坚食品安全风险治理进程中“卡脖子”问题的动员令，阐明了新时代继续推进食品安全战略的现实路径与科学方法，是指导新时代全面实施食品安全战略、做好食品安全工作的纲领性文献。

《意见》的一个亮点是从现阶段中国食品安全风险的实际情况出发，果断地把习近平总书记提出的关于食品安全“最严谨的标准、最严格的监管、最严厉的处罚、最严肃的问责”作为新时代治理食品安全风险、推进食品安全工作的指导方针。全面落实“四个最严”这一新时代食品安全工作指导方针，对全面贯彻党的十九大报告明确提出的“实施食品安全战略，让人民吃得放心”，有效满足人民美好生活需要对食品安全的新要求，开创新时代具有中国特色的食品安全风险治理的新境界具有重大意义。

二　新时代食品安全风险治理的复杂性与艰巨性

近年来，我国食品安全状况总体上保持了稳中向好的基本格局，但是我国食品安全工作仍面临不少困难和挑战，形势依然复杂严峻，《意见》就此进行了专门的阐述。由于固有的规律性，新时代治理食品安全风险具有复杂性、艰巨性、长期性，主要体现在以下 5 个方面。

（一）源头治理的长期性

由于对客观规律认识不足，指导思想存在偏差，长期以来工业化发展对环境造成了破坏，有些是难以逆转的历史性破坏。农业生产中长期以来化肥、农药等化学投入品的高强度施用，给农产品与食品安全风险治理带来了持久性、复杂性、隐蔽性的综合影响，治理的难度相当大。

（二）人源性风险治理的曲折性

目前我国的食品安全事件更多是由生产经营主体的不当行为等违规违法的人源性因素所造成。由于食品工业基数大、产业链长、触点多，更由于诚信缺失且法律制裁不到位，在“破窗效应”的影响下，超范围、超限量地使用食品添加剂、非法添加化学物质与制假售假的状况具有一定的普遍性。

（三）生产经营组织转型的艰巨性

市场经济的发展并没有彻底改变分散化、小规模为主体的农产品与食品生产经营方式的基本格局。全国食品市场每天需求约20亿千克的不同类型的食品，小微型生产、加工与经营者企业成为市场重要的供应主体，在有限的监管资源面对相对无限的监管对象的现实条件下，食品安全风险的产生具有微观基础。

（四）多重风险的渗透性

我国食品安全的内涵和外延比历史上任何时候都要丰富，时空范围比历史上任何时候都要宽广，内外因素比历史上任何时候都要复杂，各种可以预见和难以预见的风险挑战前所未有，并逐步呈现传统风险和新生风险相互渗透、现实风险与潜在风险相互交织、国内风险与国际风险相互作用的复杂局面。

（五）体制改革的复杂性

改革开放以来，虽然食品安全监管体制经历多次改革后逐步优化，但统一权威的监管体制尚未有效建立，并没有从根本上理顺政府、市场与社会间，以及地方政府负总责与治理能力间的关系。由于治理能力不足，食品安全风险监测、预警与评估滞后，食品安全风险难以有效治理。

三　科学把握“四个最严”的本质内涵

习近平总书记关于食品安全的“四个最严”是对食品安全风险治理国际经验与国内实践的科学总结，具有丰富的科学内涵，构成了完整的科学体系，是新时代破解食品安全风险治理的科学之道、现实路径，必须长期坚持。

（一）“最严谨的标准”：科学揭示了风险治理的本质特征

一般而言，食品供应链（Food Supply Chain）是指从食品的初级食品生产经营者到消费者各环节的经济利益主体（包括其前端的生产资料供应者和后端的作为规制制定者的政府）所组成的整体。政府、生产经营者、消费者是食品供应链体系中三个最基本的主体，生产加工（包括农产品种植、养殖）、物流配送与销售（包括批发与零售、实体与网络等多种销售形态）、消费是完整的食品供应链体系三个最基本的环节。随着科学技术的不断发展和社会认知水平的不断提高，人们在长期的实践中，科学地总结并形成了农产品的种植和养殖、食品生产加工、物流配送与销售等一系列从农田到餐桌的技术、卫生、管理等安全标准，并上升到法律法规的层面，成为必须共同遵守的基本规范。因此，习近平总书记提出的“最严谨的标准”深刻揭示了食品安全风险治理的本质特征与内在规律，充分体现了科学的态度、技术的力量，成为保障食品安全的逻辑起点与科学之道。

（二）“最严格的监管”：科学把握了风险治理的内在要求

世界上没有零风险的食品。由于自然特性、技术因素、管理问题等多种复杂且难以杜绝的原因，食品供应链体系中任何一个环节均面临不同的安全风险。比如，土壤是农产品生产最基本的资源，但是土壤非常容易受到重金属等污染，而且有些重金属在土壤中的残留难以在短时期内分解，非常容易对农产品造成安全隐患。类似的自然因素是不以人们的意志为转移的。同时，作为理性人的生产经营者出于对自身经济利益的考虑，在食品生产经营过程中往往有可能采取不当行为，由此引发食品安全风险，产生食品安全事件。在任何一个国度中、一个体制内，对任何一个食品生产经营者而言，其食品安全生产经营的责任意识不可能完全自发，受多种因素的影响也完全有可能难以长期坚守。习近平总书记以“最严格的监管”科学总结了国际经验与国内实践，揭示了食品安全风险治理的内在要求，这就是必须依靠法律法规，基于技术标准，形成政府、市场、社会共同参与的严密的监管体系。“最严格的监管”开辟了治理我国食品安全风险的根本之道。

（三）“最严厉的处罚”：科学指明了风险治理的现实路径

食品从原材料的种植和养殖、生产加工、销售到最终消费，涉及多个主体，确保食品安全需要食品供应链体系中所有主体有效坚守与充分履行自己的责任。对任何一个食品生产经营者而言，其理性均是有限的。出于对成本与收益的考虑，如果有外在的且能够获得预期利益的诱惑，其完全有可能选择具有更高收益的方式，并由此打碎食品安全社会秩序的“第一块玻璃”。实践证明，大量无序的食品生产经营不当行为或犯罪行为对供应链体系中的所有主体均具有强烈的暗示性、示范性。在一个或多个食品生产经营者打破“玻璃”后，如果不加以干预而任其自然蔓延，众多的生产经营者将迅速模仿，不断升级，由此迅速形成食品生产经营的无序状态，极大地增加食品安全风险。正是由于对食品生产经营中的不当行为甚至犯罪行为处罚不严，因此现阶段我国食品安全事件大多数是由人为因素造成的，严重影响了党和政府在人民群众心中的威望。对此，习近平总书记指出“老百姓能不能吃得安全，能不能吃得安心，已经直接关系到对执政党的信任问题，对国家的信任问题”。由此可见，建立在中国食品安全风险治理实践基础之上的“最严厉的处罚”，是习近平总书记为破解新时代中国食品安全风险治理难题明确了现实路径。

（四）“最严肃的问责”：科学阐明了党和政府在风险治理中的责任担当

食品具有一般商品的特征，但又不是单纯的一般商品，由于事关人们的健康，食品安全是社会公共安全的重要组成部分。食品又具有不同于一般商品的特殊性，其属于准社会公共品，故确保食品安全是政府的责任。从全球范围内来看，世界各国政府大多数将食品安全纳入政府公共治理的范畴，不同程度地建立了食品安全监管行政问责制。虽然 2009 年 6 月 1 日起施行的《食品安全法》确立了食品安全问责制，但是实际中食品安全问责程序不规范，问责对象模糊，偏重于同体问责，缺乏异体问责，局限于重大食品安全责任事故的事后责任追究、应急性问责，而非长效机制。总体而言，食品安全问责失之于偏，失之于宽，失之于软，成了摆设，难以落实到位，并由此诱发了一系列食品安全问题。江西高安病死猪流入市场 20 多年竟未被发现就是政府监管部门长期不作为、问责不到位的典型案例。习近平总书记指出：“我们党在中国执政，要是连个食品安全都做不好，还长期做不好的话，有人就会提出够不够格的问题。所以，食品安全问题必须引起高度关注，下最大气力抓好。”中国特色社会主义最本质的特征是中国共产党领导，中国特色社会主义制度的最大优势是中国共产党领导。由此可见，习近平总书记的重要论述清楚地表明，食品安全问题在中国共产党治国理政中具有十分重要的地位，必须实行“最严肃的问责”。党的十八大以来，在习近平总书记关于食品安全必须实行“最严肃的问责”的思想引领下，全国范围内逐步推行并基本形成了以“党政同责”和“一岗双责”为主体的食品安全问责机制，完善了问责制度链条，明确了责任追究的方式、程序和实施主体，食品安全追责、问责初步实现了精细化、制度化、程序化，基本做到责任追究有规范、有标准、有依据，探索与开创了具有中国特色的食品安全问责的新境界。

四　以“四个最严”为遵循　提升食品安全风险治理水平

在新时代科学实施食品安全战略，全面贯彻《意见》，推进食品安全工作，实现食品安全风险治理的根本性好转，根本之道就在于全面贯彻落实习近平总书记提出的“四个最严”的内在本质要求。

（一）依靠科技进步，构建新颖的食品安全标准体系

基于传统风险与新生风险、现实风险与潜在风险、国内风险与国际风险相互交织的复杂局面，以“最严谨的标准”为指导，加快制定、修订标准，努力解决标准缺失、标准老化、标准间交叉重复脱节等问题，以防范传统的食品安全风险，重点是立足国情、对接国际，加快制定、修订农药残留、兽药残留、重金属、食品污染物、致病性微生物等食品安全通用标准，到2020年农药兽药残留限量指标达到1万项，基本与国际食品法典标准接轨。加快制定、修订产业发展和监管急需的食品安全基础标准、产品标准、配套检验方法标准。完善食品添加剂、食品相关产品等标准制定，及时修订完善食品标签等标准。同时，要关注新生风险，更高层次地关注民族的健康安全。比如，研究表明，动物福利与食品安全、人类健康高度相关。较差的福利待遇增加了动物疾病传染给人类的可能性。在过去20年中，危害人类健康的新型疾病中约有75%是由动物或动物制品所携带的病原体引起的。但是我国在动物福利标准上仍然处于萌芽状态，必须依靠科技来逆转被动局面，构建新颖的食品安全标准体系。

（二）把握科学规律，真正建立统一权威的食品安全监管体制

党的十九大站在历史和全局的新高度，在充分吸收基层改革经验的基础上，做出了深化食品安全监管体制改革的决定。到2018年底，全国省级层面的改革基本结束，2019年上半年范围内的食品安全监管体制也基本结束。进一步深化改革要以实施“最严格的监管”为基本遵循，科学把握食品安全风险治理的规律性。关键是要全面贯彻中央的决策意图，在职能优化与资源配置上提升治理能力，避免简单合并的做法。地方政府应准确理解中央严控政府机关编制的精神，通盘考虑监管机关的编制，以县级市场监管部门及其在乡镇（街道）的派出机构为重点，执法力量向一线岗位倾斜，强化监管机构的专业性。明确县级市场监管部门及其在乡镇（街道）的派出机构，以食品安全为首要职责，实施分类指导，努力解决与改善县

（区）、乡镇（街道）监管机构的在检测设备、取证执法装备、办公设备等基本条件，满足治理的基本需求，努力实现食品安全风险治理关口前移与重心下移。健全以国家级检验机构为龙头、省级检验机构为骨干、市县两级检验机构为基础的食品和农产品质量安全检验检测体系。完善问题导向的抽检监测机制，国家、省、市、县抽检事权四级统筹、各有侧重、不重不漏，统一制定计划、统一组织实施、统一数据报送、统一结果利用，力争抽检样品覆盖所有农产品和食品企业、品种、项目，到 2020 年达到 4 批次/千人。逐步将监督抽检、风险监测与评价性抽检分离，提高监管的靶向性。完善抽检监测信息通报机制，依法及时公开抽检信息，加强对不合格产品的核查处置，控制产品风险。

（三）完善法律体系与严格执法并重，形成依法治理的法治环境

进一步完善法律法规，研究修订食品安全法及其配套法规制度，修订完善刑法中危害食品安全的犯罪和刑罚规定，加快修订农产品质量安全法，推动农产品追溯入法。加快完善办理危害食品安全刑事案件的司法解释，推动危害食品安全的制假售假行为“直接入刑”。推动建立食品安全司法鉴定制度，明确证据衔接规则、涉案食品检验认定与处置协作配合机制、检验认定时限和费用等有关规定。加快完善食品安全民事纠纷案件司法解释，依法严肃追究故意违法者的民事赔偿责任。与此同时，当务之急是要全面贯彻“最严厉的处罚”要求，确保法律法规在实际执行中的严肃性，尤其是要努力消除地方保护主义。必须严厉依法打击人为因素导致的食品安全事件，特别是造假、欺诈、超范围超限量使用食品添加剂、非法添加化学物质、使用剧毒农药与禁用兽药等犯罪行为，坚决铲除制假售假的黑工厂、黑作坊、黑窝点、黑市场。必须协同监管部门与司法部门的力量，形成执法合力。鼓励地方制定并实施具有地方特色、操作性强的法律规章，形成上下结合绵密规范的法治体系。通过持之以恒的努力，营造依法严惩重处的社会环境，形成食品生产经营主体不敢、不能、不想违规违法的常态化体制机制与法治环境。

（四）大胆探索实践，建立与地方党委、政府负总责相匹配的问责体系

地方党委、政府对食品安全负总责。这是我国食品安全风险治理体系的重要组成部分。全面贯彻“最严肃的问责”要求，就是要继续推行以“党政同责”和“一岗双责”为主体的食品安全问责机制，完善问责制度链条，明确责任追究方式、程序和实施主体，努力实现问责的精准化、制度化。但是食品安全风险问题十分复杂，既有体制机制、技术手段的原因，也有不作为的原因。对地方监管部门与工作人员而言，简单问责是远远不够的，极有可能导致隐瞒问题、积累风险的后果。过去累积的食品安全问题简单追责当下并不合理。应该实行奖惩并重的机制，鼓励大胆发现并努力治理过去存在的问题，而对当下的不作为则要严肃问责。因此，全面贯彻“最严肃的问责”要求，应该大胆探索正向激励与监督问责相结合，与地方党委、政府负总责相匹配的问责机制，回归问责的本义，避免迎合舆论、安抚情绪的简单问责。

食品安全监管与风险治理

食品安全治理模式的回顾与前瞻

——以乳制品为例[*]

杨华锋　王　璞[**]

摘　要： 步入新时代，社会主要矛盾转变为人民日益增长的美好生活需要和不平衡不充分的发展之间的矛盾。公众对食品安全的要求日益提升，而作为具有公共产品属性的食品，其供给与需求之间存在不平衡与不充分性。特别是在乳制品领域，三聚氰胺奶粉事件、蒙牛致癌门事件等安全事故的发生，不仅损害了乳制品行业的信誉，而且制约了食品行业的发展。本文以乳制品安全治理为例，通过对改革开放以来其安全治理的行动者、对象与方式的梳理，发现其经历了从单中心治理、跨部门合作、大部门整合、协同参与再到大部门整合 2.0 的发展过程。这一发展轨迹既遵循食品产业安全发展的规律，也契合了社会治理发展的历史规律。同时，部门领导力的培育、政策议程的设置与社会公众的有序参与将决定食品安全协同治理的未来走向。特别是安全监管的重要性日益突出，构建与时代发展和人民需要相适应的食品安全治理模式成为保障食品安全的重要部分。

关键词： 食品安全　乳制品　治理模式

---

* 本文是国际关系学院中央高校基本科研业务费重点项目“总体国家安全治理的政策分析与规划（3262019T07）”阶段性研究成果。

** 杨华锋，博士，副教授，国际关系学院公共管理系副主任，主要从事行政理论与治理创新方面的研究；王璞，北京大学国际法学院硕士研究生，主要从事行政管理方面的研究。

一　引言

随着我国经济的发展和人民生活水平的提高，当前社会主要矛盾已经转变为人民日益增长的美好生活需要和不平衡不充分的发展之间的矛盾，人民对安全的需求也越来越高。人民希望政府提供安居乐业的生活环境，保障最基本的生产生活条件，解决关系人民生活质量的食品、药品安全问题。其中，食品安全是社会公共安全的重要组成部分，不仅与消费者的生命和身体健康直接相关，而且还直接影响政府形象的树立，同时食品安全在促进行业发展、经济增长及维持社会稳定方面都有着重大意义。在食品安全中，乳制品安全①是重要的评价标准之一，不仅与消费者的利益息息相关，更关系到我国食品制造业的发展前景。随着人们生活水平的提高以及对健康生活需求的增加，越来越多的人将乳制品纳入生活必需品的范畴，大量的消费需求促进了我国乳制品行业的迅速发展。在更多消费者购买乳制品的当下，完备的安全治理模式对乳制品行业的发展有不可忽视的作用。然而，中国乳制品行业仍以量化发展为主，与发达国家和地区相比，发展基础相对较弱，发展方式也相对落后。自三聚氰胺奶粉事件、蒙牛致癌门事件发生后，消费者对乳制品的信任度降低，严重限制了国内乳制品行业的发展，中国乳制品行业的治理和监管已经成为公众关注的焦点。

近年来，食品安全事故频发，尽管政府做出种种努力，新型安全风险依旧存在，社会公众也尤其关注与个人健康和生命安全息息相关的食品安全问题。在食品安全问题成为经久不衰的社会热点问题后，对乳制品安全治理的分析在食品安全治理模式的研究中更容易反映出食品安全管理的漏洞，并回应人们对食品安全的诉求。在食品安全问题成为大众关注的社会焦点的同时，政府如何通过宏观调控以及与各个治理行动者的关系构建来确保食品质量安全，应该成为研究的课题。回顾改革开放以来我国食品安

---

① 乳制品安全是指乳制品中不包含任何危害或者可能危害人体健康的物质，主要包括营养安全、卫生安全和包装安全。

全治理模式的变迁历程，利用治理模式的各个构成要素分析不同阶段的模式和特点，是完善现存治理模式重要的理论支撑。结合对模式漏洞的探究以及对乳制品安全的研究，有利于构建更加完善有效的食品安全治理模式，并进一步为人民群众提供食品安全保障。而利用食品安全治理模式变迁的逻辑分析我国食品安全治理模式，对于弥补我国治理模式的缺陷、提高我国食品的国际影响力和竞争力也有重大意义。保障食品安全不仅对于维护国民健康有重要意义，而且可以促进我国食品工业的快速发展，使国内食品行业赢得市场优势。同时，保证食品安全也有利于促进政府职能的转变，树立政府为人民服务的良好形象，提升我国的国际地位。

二　文献回顾

21 世纪早期，部分学者认为，中国缺乏健全有效的治理机制是食品安全问题出现的根源[1]。因此，学术界从不同角度提出了优化我国食品安全治理机制的相关建议。例如，宋大维通过对中外食品安全治理的比较分析，探讨了国外食品安全治理模式的优点，并总结我国现存的模式缺陷，同时建议结合我国的实际情况来完善食品安全治理模式[2]。连君认为，我国食品安全治理模式应该坚持以政府为主要治理行动者，同时还要创立适合我国实际的食品安全治理体系[3]。文晓巍等回顾改革开放 40 年以来的食品安全问题，发现我国食品安全治理的重点经历了从数量安全到卫生安全再到质量安全的过程，并进一步指明了我国食品安全治理未来应该关注的重点[4]。由于近年来乳制品安全事故频繁发生，相关学者更加关注乳制品的安全性以及相关的问题研究，并为改进乳制品安全治理机制提出建议。喻闻和杨建青从乳制品产业链的各个环节出发，认为我国缺少对奶农的适当监管，同时缺乏对其利益的保护和帮助其学习的组织[5]。何安华提出，我国乳制品安全事故的频发要归咎于食品安全治理部门的监管不力，同时市场主体获取信息的不对等也要为此责任[6]。崔崙等阐释了收集乳制品安全风险信息的重要性以及社会共治的必要性，提出了有利于风险信息交流的建议，并全面分析了以风险交流来解决乳制品安全问题的可能性[7]。王芳等认为只有完善监管机制，实现政府、新闻媒体和消费者三者监督作用的有机结合，再利用奖惩机制等手段才能解决安全治理体制中存在的问题[8]。宋宝娥以对乳制品供应链流程的分析为基础，同时结合 HACCP 体系①制定计划表，以此为供应链安全检测系统的建立提供理论参考和实践指导[9]。白宝光等同样赞同利用 HACCP 管理体系来控制乳制品供应链，同时建议强化政府的外部监督能力，使内部监督和外部监督协同发力，来达到预期效果[10]。

国外食品行业发展较早，尤其是发达国家的食品市场已经较为发达，相关学者对乳制品安全治理的研究也较为成熟，这些研究成果可以为我国提供借鉴。在优化食品安全治理模式方面，Booth 以对欧洲食品安全治理模式的分析为基础，强调建立有效的预警机制是解决食品危机和确保食品安全的重要手段[11]。Bava 提出，对食品安全的有效监管，政府相关部门可通过制定最低的食品安全标准线来实现[12]。在乳制品安全治理方面，Ponzoni 等指出制约乳制品安全的关键因素是原奶的品质和生产加工条件，因此加强对该环节的管制对于完善乳制品安全治理模式、提高乳制品安全指数至关重要[13]。Marianna 等从奶源管理、乳制品运输以及检测等方面分析了乳制品安全治理模式中存在的问题[14]。Ciara 等认为可以通过健全法律法规等多种手段全方位确保对乳制品安全的治理[15]。Hussein 等在研究中发现，小型乳制品企业的自我监管效率更高，并主张借鉴小企业的经验，在大型企业中引进相关的激励机制[16]。

可以看出，目前国内学术界多从宏观层面分析我国食品安全的问题，即着重从政府和体系构建的角度分析食品安全治理模式。随着时代变迁，食品安全研究不仅关注食品的数量安全，而且更加关注整个食品生产环节的卫生和质量安全。其中，在对乳制品安全治理的研究方面，我国学者开始注重对除政府外的治理角色的探讨，也更加关注利用国际先进的食品安全治理经验为乳制品安全治理模式提供借鉴，对整个安全治理的研究更加细化。而国外学术界多从微观层面分析食品安全问题，如对乳制品的奶源

① HACCP（Hazard Analysis and Critical Control Point）体系。HACCP 即危害分析和关键控制点，国际标准将其定义为“鉴别、评价和控制对食品安全至关重要的危害的一种体系”。该体系由美国首先提出并广泛应用，强调确保食品在生产、加工、制造等过程中的安全，改进食品安全控制的传统方法，通过对过程的检测使可能的潜在的危害得到辨认。

管理和生产链的监管。在国内建议多主体参与治理时，国外已经开始注重研究治理主体之间的关系问题，以便更加协调地参与治理过程，弥补政府治理的漏洞，提高治理效率。其中在乳制品安全问题的研究上，国外学者的关注点经历了从制度研究细化到全过程监管和治理的过程。如今，国外更加关注对安全治理模式中的细节研究和个别地区的经验借鉴。从上述分析来看，我国对食品安全治理模式变迁的研究局限于对“安全”含义和制度的解释，鲜有涉及模式变迁的诱因或者动力问题的研究。尽管在乳制品规制体系方面涉及相关的变迁理论，但研究不够细化深入，也缺乏系统性的总结和归纳。因此本文将从安全治理模式的构成要素来分析我国的食品安全治理问题，以模式变迁来研究治理模式潜在的缺陷，通过系统分析为我国食品安全治理模式的优化和完善提供理论借鉴和指导。

三　食品安全治理模式的分析框架

食品安全治理模式是为了确保食品质量而形成的完整的管理系统，它和其他制度一样会随着历史的变迁而不断革新，这是一个渐变和突变相结合的过程。行政部门会通过不断的边际调整完成渐变革新，弥补安全治理模式漏洞，降低食品安全的交易成本，消费者维权意识的增强也会推动食品安全治理模式的渐进优化。而历史进程中各种安全危机的出现将迫使政府和企业对治理模式进行突变革新，以维护治理模式的有效稳定，确保治理效能的充分发挥，保障食品安全。可以说，食品安全治理问题的实质就是在治理模式的演变和更替中得到体现的，并通过行政部门、食品生产者和消费者三方不断的博弈和协调展现出来。因此，研究食品安全治理模式的演变，对于分析治理困境、发现并弥补治理漏洞举足轻重。本文将以食品安全治理模式的构成要素为分析的维度，对不同时期的模式特点和缺陷进行探究，一个相对完善的食品安全治理模式应包括以下要素。

一是治理行动者。我国食品安全治理的行动者以相关的行政部门为主，同时包括食品行业协会和消费者协会等第三方机构，以及食品生产者本身。其中，政府部门主要通过颁布各项法律和行政法规来实现多部门的综合治理。第三方机构主要是通过食品领域的行业协会、消费者协会以及新闻媒体实现监管。而生产者出于对自身长远利益的考量，也会制定相关规则，构建合理的生产体系以确保食品安全。二是治理对象。治理对象不仅包括食品生产者和销售者，还包括产业链中的相关组织和个人。例如，在乳制品安全治理模式中，治理对象还包括向乳制品生产企业提供奶源的奶农和奶站，以及负责销售和运输的承销者。三是治理方式。治理方式是指治理的行动者对治理对象进行治理时所使用的手段和方法，主要包括行政治理方式、社会治理方式和市场治理方式。其中行政治理方式是行政部门通过制定相关法律法规的方式实现治理，是最具有效率和公信力的治理方式。社会治理方式是指第三方机构或个人对食品的安全性进行适当的监管和反馈，有利于生产者和消费者之间进行及时的沟通并有效地解决食品安全问题。市场治理方式是市场通过自我调节等经济手段，对消费者、生产者以及政府部门进行协调的方式，较为灵活。四是治理目标。食品安全治理模式的治理目标在不同时期有不同的侧重点，但都是为了更好地保障消费者的健康，同时保护生产者的经济利益，促进行业发展，实现市场经济的稳定增长并保障正常的经济秩序，避免安全事故的发生。

纵观我国食品安全治理模式的变迁历程可以发现，我国食品安全治理模式经历了一个从职能混合到职能协调，再到职能统一的过程，食品安全治理趋于专业化和权威化，这是随着时代的发展和新型安全风险的出现而不断升级和改进的（如图 1 所示）。

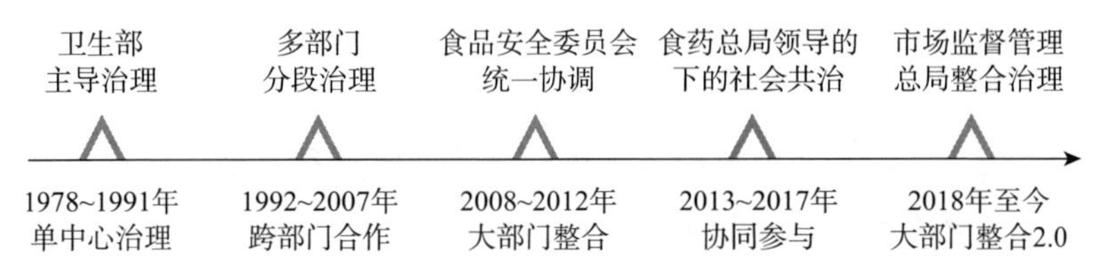

图 1　改革开放后食品安全治理模式的历史变迁

资料来源：笔者自制。

改革开放初期，我国经济发展和社会变革都处于起步阶段，食品行业的发展相对较慢，食品安全治理仍然沿袭 1949 年以来的固有模式，即以卫生部门为主、多部门协调治理，各个部门职能较为分散，单部门治理的特征较为突出。在该阶段，行政治理方式依旧是食品安全治理的主要手段，同时，由于经济体制的变化，市场的作用开始得到重视。但治理重点由于行业发展水平的限制，局限于食品的数量安全。单部门主导、多部门参与治理的模式，虽然有利于食品安全的全面管理，但权能分散的模式特点不利于提高治理效率。

从 20 世纪 80 年代开始，国内多个行业陆续开始实施政企分开的改革，但是食品行业的政企分开改革是在 1992 年社会主义市场经济体制目标提出后才开始的。由于行政体制改革和机构调整，我国食品安全治理模式开始向跨部门合作治理过渡。2003 年，安徽阜阳奶粉事件的发生引起了有关政府部门的高度重视，这成为推动食品安全跨部门合作的治理模式最终实现的关键因素。随后，国务院改革了食品安全监管体制，首次确立了一个部门监管一个环节的原则，监管方式也变为以分段监管为主，同时地方政府开始对地方的食品安全负责。食品安全治理模式由此正式从以卫生部为主导的模式转变为跨部门合作的治理模式。在此阶段，在强化行政治理的同时，社会治理的作用开始凸显，行业协会逐渐发挥其应有的作用，我国食品安全治理方式不断多样，治理的目标也演变成为保障卫生安全。尽管该治理模式在一定程度上避免了单一部门主导的弊端，但职能分散的劣势也逐渐显现出来。

2008 年，震惊全国的三聚氰胺事件爆发，有关食品安全的社会舆论压力迫使政府立即对《食品安全法》做出相关修订，并于 2010 年建立了国务院食品安全委员会作为国务院食品安全高层次的议事协调机构，从而部分转移了卫生部食品安全治理的职能。由于突发的食品安全事故，该阶段的治理方式以效率最高、规制力最强的行政方式为主，同时国际食品安全管理机制也被积极引进。食品安全事故的发生引发了消费者的心理恐慌，推动了治理目标开始转为对食品质量安全的关注。这次食品安全治理模式的变化在很大程度上避免了监管过程中部门之间相互推诿责任的现象，提高了食品安全治理的效率。

然而在食品安全治理模式不断完善的同时，安全事故依旧层出不穷，同时大部制改革也推动政府继续对相关机构进行进一步的优化设置，我国逐渐形成了以国家食品药品监督管理总局为主的食品安全协同参与治理的模式。在该阶段，政府出台了更加严厉的《食品安全法》，以规范对造成食品安全事故的责任人的责任追究，食品安全治理的目标也随着生产科技的升级和消费者诉求的改变而演变成为营养安全。与此同时，行政部门和其他部门的协同治理得到更大的重视，食品安全治理模式得到进一步优化。

2018 年，为了适应时代的发展，我国开始实施行政机构改革，国家市场监督管理总局建立，国家食品药品监督管理总局和其他相关部门的职能被整合进去。同时，农业农村部和国家卫生健康委员会也随之成立，食品安全统一治理的时代正式到来。此外，食品安全的治理方式也更加多元，除了行政手段继续发挥强制作用，社会治理和市场的自我调节作用也得到强化。质量安全和营养安全因为消费者需求的升级也得到更多的关注。在集中化治理模式下，保证治理的专业性以及多元的治理方式成为研究的新方向。

四　食品安全治理模式的历史变迁

（一）单中心治理时期

单中心治理时期是指 1978 ~ 1991 年以单中心治理模式为主的阶段。改革开放初期，计划经济仍占据主导地位，市场化进程也刚刚开始，我国食品行业处于初步发展阶段，因此，对食品的治理和监管也只停留于卫生监管而非质量监管。这就意味着，食品安全治理的行动者较为单一，以负责卫生监管的卫生部为主。

首先，在治理行动者方面，由于初期食品行业发展缓慢，该阶段治理行动者以单一行政部门为主，即依旧沿袭 1949 年以来的规定，以卫生部为主。1983 年试行的《食品安全法》也明确规定了卫生部在食品安全治理中扮演着主导监管角色。但在明确卫生部地位的前提下，我国也强调将治理落实到各个环节。就地方政府层面而言，由食品卫生监管和工商等 6 个部门行使食品安全治理的职能[17]。事实上，在政企合一的体制下，卫生部门虽然有名义上的主导权，但受经济体制改革的影响，各个主管部门发挥的作用更加明显，体现出改革开放初期食品安全治理的分散性。例如，在乳制品安全治理流程中，由农业部负责乳制品奶源安全的监管，由化工部负责成分安全的监管，由商业部负责流通环节的监管[18]。这就形成了名义上卫生部主导、多部门协调治理的单部门治理的局面。

其次，在治理方式方面，该阶段处于食品安全治理的起步阶段，因此治理方式和手段都不够完善，主要可以分为行政和市场方面。社会治理在此期间依旧发展较慢，是该阶段治理方式存在的不可避免的弊端。在立法层面，我国在此阶段颁布了第一部关于食品卫生的专门法律①，成为法律上食品安全规制的起点，虽然具备一定的折中性和过渡性，但其内容实现了很大的突破，如宣布正式建立国家食品卫生监督制度等[19]，这为我国食品安全治理方式的发展和优化奠定了一定的法律基础。随后，《中华人民共和国产品质量法》和《中华人民共和国农产品质量安全法》等专门性法律先后颁布，进一步完善了我国食品安全治理的法律体系。同时，我国法律进一步规定，按照责权一致的原则，建立乳制品安全治理责任制，这使得乳制品安全监管更加严格。此外，20 世纪 80 年代后，我国相继发布了一系列关于乳制品的生产标准，更加细化地规定了乳制品的卫生监管、进出口过程中的乳制品监管以及乳制品的检验方法，为各个环节的乳制品监管提供了确定的标准，有利于规范治理过程，确保乳制品安全。与此同时，行政部门开始注重通过引入市场机制来引导生产者注重食品卫生。比如，广东省韶关市实行卫生等级申报评审制度，大大促进了企业对食品安全的管理。该制度将评审结果分为五级，对结果为三级的单位进行限时整顿，对结果为四级的单位实施停业整顿，同时，评审的结果需要向全市通报[20]。这种商品经济的市场调节无疑为食品安全的治理提供了新的途径。

最后，就该时期治理模式的特点而言，由于群众对食品的消费需求呈现快速增长趋势，政府对食品行业的监管力度也逐渐加大，不断制定一系列法律和规章来完善我国的食品安全治理模式，并呈现单一部门主导、多部门分散治理的特点。各个部门在卫生部的领导下参与食品的治理，使得

---

① 我国第一部关于食品卫生的专门法律指的是 1983 年由第五届全国人大常委会第二十五次会议通过并颁布的《中华人民共和国食品卫生法（试行）》。

权力沿产业链向不同方向分散，改变了特定部门进行全程监管的局面，在一定程度上因权力制约提高了监管效率。与此同时，单一部门主管下多部门分段治理的模式设置，容易导致权能分散的混乱局面，不利于综合管理。并且机构治理范围划分和职能分配模糊不清，很容易导致部门之间推诿扯皮，浪费行政资源。尽管相关部门制定了相应的法规和标准体系，但其稳定性和滞后性不利于应对突发情况，当企业的执行环节出现漏洞时，如果相应的监管部门没有履行职责，依旧会出现发生安全事故时无人负责的混乱局面。

（二）跨部门合作时期

跨部门合作时期是指以 1992 ~ 2007 年跨部门合作治理模式为主的时期。随着改革开放的深入和市场的觉醒，单部门治理的模式已经不能适应食品安全的监管，并且我国逐步确立了社会主义市场经济的目标，推动食品行业快速发展并步入黄金时期，其治理模式也逐步由单一部门主导治理向跨部门合作治理过渡。随后，2003 年安徽阜阳的毒奶粉事件引发了社会和政府的极大关注，我国的乳制品安全治理模式也更快地向多部门的综合治理模式转变。

首先，在治理行动者方面，由于经济社会的快速发展，该阶段开始由单一部门主导向多部门综合治理过渡，并最终确定了跨部门综合治理模式，同时地方政府开始对地方食品安全承担责任。1992 年，社会主义市场经济的目标即社会主义市场经济体制确立，之后，国务院撤销了轻工业部等 7 个部门，并建立了中国轻工总会，打破了持续了 44 年的政企合一体制，食品行业开始与轻工业部门分离[21]。紧接着，在相应的行政改革中，乳制品安全监管的重心从卫生部逐渐转向农业部等多个相关的行政监管部门，由此，我国乳制品安全治理模式因政府的边际调整，开启了由单一部门主管向跨部门综合监管过渡的阶段。2003 年，在原有的国家药品监督管理局的基础上，国家食品药品监督管理局建立，主要负责调查重大的食品安全事故以及食品安全的综合监督和协调[22]。该机构成立后立刻展开了对安徽阜阳毒奶粉事件的调查，排查乳制品安全治理中潜在的风险，并严格追究相关工作人员的责任。由此，卫生部的职能被进一步分散，治理行动者不断向多元化趋势发展。2004 年，国务院明确规定，要按照一个环节由一个部门监管的原则①，采取以分段监管为主、品种监管为辅的方式，要求部门明确各自特定的责任[23]。同时规定地方各级政府对当地的食品安全负责，发挥协调监管的作用，确保当地食品安全治理工作的顺利开展。这意味着，我国的食品安全治理模式真正转化成为多部门的管理形式，卫生部的地位被进一步弱化，其他相关部门的治理边界不断扩大，部门之间的职责分工也更加明确。

其次，在治理方式方面，该阶段继续强化行政手段，同时，社会治理的作用逐步凸显，多样化治理趋势更为明显。在行政治理层面，我国先后颁布了《绿色食品消毒牛乳》《无公害食品酸牛奶》等首批关于乳制品的绿色食品标准和无公害食品标准，标志中国对乳制品生产的规范走向制度化[24]，也推动了我国的乳制品安全治理模式的完善。这说明随着经济的发展，社会公众对食品安全的关注已经不局限在消费阶段的安全监管，环境保护和质量控制也得到了更多的重视。在社会治理层面，行业协会等第三方治理行动者开始充分发挥其规制和监管作用。2003 年，中国乳制品工业协会出台了包括《乳制品企业生产技术管理规则》在内的一系列行业规定，不仅加强和规范了对乳制品生产者的技术监控和管理，而且有利于提高我国乳制品企业自我监督的能力。行业协会的积极参与丰富了食品安全治理方式，充分体现了经济和消费观念的进步对治理模式的影响。

最后，就该时期治理模式的特点而言，该阶段治理主体更为多元，治理方式更加多样，社会监督的作用开始凸显，表现出时代发展和政策变化对食品安全治理模式带来的影响。在改革开放的进程加快后，我国经济层面的变化引发了乳制品行业治理模式的变化。在多部门综合监管时期，各治理行动者的职责更加明确，整体乳制品安全治理的边界得到扩张，且地方政府开始负总责的规定将更好地规范乳制品生产和落实责任追究。尽管跨部门的协调合作治理模式有利于明确责任分担，增强监督积极性，是对单一部门治理模式的发展，但该模式无法克服单一部门主管的弊端，职能

---

① 由农业部门、质监部门、卫生部门、工商部门和食品药品监管部门等分别负责初级农产品的生产、消费、流通、综合监督和重大事故处理。

分散的局面并没有得到改变，部门之间的规范可能存在冲突和不衔接的状况。例如，在 2008 年三聚氰胺事件中，奶站缺乏监管造成了严重的安全危机。多部门分环节监管食品安全的模式在很大程度上浪费了有限的行政成本，治理效率也有所降低，不利于相关政策的贯彻实施，因此该模式还有进一步完善和优化的空间。

（三）大部门整合时期

大部门整合时期是指以 2008～2012 年的大部门整合模式为主的时期。2008 年，三聚氰胺事件的爆发对中国乳制品行业造成了巨大的冲击，也严重降低了消费者对国内乳制品的信任，致使众多消费者转向国外乳制品市场。此次乳制品安全事故的发生，在制约国内食品行业发展的同时，也推动了食品安全治理模式的快速变革和发展。

首先，在治理行动者方面，该阶段的行动者由于危机事件的发生变得更为集中，但依旧处于相对分散局面。三聚氰胺事件的曝光使政府不得不及时做出重大改革，以促使乳制品安全治理模式更加高效合理。2010 年，国务院食品安全委员会设立，从而取代卫生部成为食品安全工作高层次的议事协调机构，主要负责分析食品安全形势并指导食品安全统筹工作，同时提出关于食品安全的治理措施并监督相关责任的落实。国务院食品安全委员会成立以后，更加关注对食品安全热点问题的处理，如积极开展对“地沟油”的调查和对乳制品质量安全的监督，注重通过对食品安全违法犯罪行为的打击以保障食品安全。食品安全委员会的成立开始把原有的较为分散的治理模式转变为较为集中的治理模式。该委员会由各个相关部委的负责人组成，各负责人根据其特定工作职责对食品安全委员会负责。职能整合后的大部门治理时期到来。

其次，在治理方式方面，该阶段由于安全事故的发生，主要通过最具效率的行政手段来实现对食品安全的治理。2009 年《食品安全法》的颁布建立了以食品安全风险监测为基础的管理体系，并将风险评估的结果作为制定食品安全标准的依据，同时以此为基础实施对食品安全的科学化治理。在该法律的规定下，食品安全治理的职能更加集中，分工也更加明确[25]。随后，中国国家认证认可监督管理委员会发布了《乳制品生产企业危害分析与关键控制点（HACCP）体系认证实施规则（试行）》，规定了该体系的认证机构应该遵循的基本认证程序和要求，其目的是推动认证机构工作的规范性和促进乳制品企业安全控制水平的提高[26]。但与外国相比，我国对HACCP体系的应用和研究较晚，相关的质量认证体系相对滞后，不利于对食品安全的全方位治理。

最后，就该时期治理模式的特点而言，该阶段的食品安全治理处于集中化治理时期，治理模式快速发展，治理主体较之以前更加集中于一个或几个部门，在一定程度上避免了无人负责、扯皮推诿的情况，有利于行政资源得到高效的利用。同时，HACCP认证体系的实行为食品行业的自我监管提供了标准和指南，有利于提高消费者对我国食品行业的信任度，促进行业的快速发展。这一阶段立法的进步和制度的完善在很大程度上推动了治理模式的更新变革。但是即使治理主体更加集中，改革并没有从根本上改变各部门分而治之的治理局面，在监管过程当中出现的交叉管理、分责不明、监管“碎片化”等问题仍然在影响监管效果，食品安全事故，如“地沟油”“瘦肉精”“工业明胶”等事件依旧层出不穷。HACCP认证体系的建立虽然顺应了时代潮流，但由于起步晚、发展滞后、推广不到位等问题的存在，其治理效果仍然不尽如人意。同时，由于没有及时建立配套的GMP①、GAP②等认证体系，我国食品行业质量安全的治理效率较为低下，推动立法和制度的完善刻不容缓。

（四）协同参与治理时期

协同参与治理时期主要是指以2013～2017年的协同参与治理模式为主的时期。自毒奶粉事件发生后，我国食品安全治理模式得到一定程度的发

① GMP（Good Manufacturing Practice）体系。GMP即良好生产规范，世界卫生组织将其定义为指导食物、药品、医疗产品生产和质量管理的法规。食品生产企业是GMP的实施主体，该体系致力于整个食物链条的追溯性、早期预警和提前干预。GMP要求食品生产企业应具备良好的生产设备、合理的生产过程、完善的质量管理和严格的检测系统，确保最终食品质量符合法规要求。

② GAP（Good Agriculture Practice）体系。GAP即良好农业规范，旨在应用现代农业知识来合理安排农业生产的各个环节。在乳制品质量安全监管体系中，GAP体系的合理应用对于确保乳制品奶源的品质有重要作用。GAP认证体系以食品安全标准为基础，起源于HACCP认证体系，和GMP认证体系配套使用，关注初级农产品的生产过程。

展，但是乳制品安全事故仍有发生，如 2013 年的恒天然毒乳粉事件和 2017 年的沙门氏菌奶粉事件等，限制了我国乳制品行业的市场扩张和发展前景。因此，必须继续推动我国乳制品安全治理模式的改革，以大部制改革为契机，协调行政部门和生产者治理任务的分配，全方位加大治理力度以减少安全事故的发生。

首先，在治理行动者方面，在此阶段，食品安全治理的行动者由于行政改革呈现更多元的发展趋势。2013 年，国家食品药品监督管理局（SFDA）更名为国家食品药品监督管理总局（CFDA），同时将国务院食安委的职能、质检总局的生产环节以及工商总局的流通环节整合进国家食品药品监督管理总局，主要负责食品在生产流通过程中的质量监控和安全保障。与此同时，农业部主要负责监控农产品的质量安全，即原料安全，而卫生部中的卫生与计划生育委员会依旧承担着食品安全的风险监管和标准制定的职能[28]。由此看来，在大部制改革后，“三位一体”的协同参与治理模式形成。

其次，在治理方式方面，该阶段的食品安全治理主要是通过行政手段来实现的。上海“福喜过期肉”事件、饿了么餐饮平台“黑作坊”事件等新型食品安全事故给安全治理带来了全新的挑战。随后，2015 年再次修订后的《食品安全法》出台，该法以更严谨的要求确保食品生产者的责任的落实，并对责任人员处以更严厉的处罚[29]。同时，国家食品药品监督管理总局也先后发布了一系列规定和条例，如《食品安全抽样检验管理办法》，使食品在生产过程中的监管系统更加完善。这说明政府不仅重视对食品违法犯罪的打击，而且顺应时代发展和消费者诉求的升级，更加关注对食品安全的全过程监管。在立法的同时，国家食品药品监督管理总局也注重和其他部门的协调合作。2014 年，在治理“餐桌污染”的现场会议上，负责食品安全治理的行政部门总结了食品监管的经验，并且积极分享了安全监管的创新举措，国家食品药品监督管理总局也在会议上和农业部签署了合作协议，以致力于建立从生产到消费过程中各个责任主体的协作制度[30]。部门之间的协调性发展趋势，说明我国食品安全治理模式的改革应该在法定治理部门的综合统筹下，适当保留原有监管机构的职能，努力实现我国食品安全的一体化治理。

最后，就该时期治理模式的特点而言，在此治理时期，食品安全治理模式在两个维度上存在不一样的情形：一是在部门设置的横向维度上存在食品监督管理部门和市场监管部门的情况；二是在纵向维度上存在中央统筹与属地管理的情况。但总体来说，我国食品安全治理模式逐步演变为集中规制的综合化治理时期，并力图建立协调统一、权威高效的治理制度。在此过程中，主导的治理行动者在发挥作用的同时，也需要和其他政府部门合作，以实现总体性统筹，全面保障食品安全。但是，在该治理模式中，综合治理部门的权力过于集中，其他部门的行政管理职能被分割，大多有关食品安全的事务都要经过综合治理部门的审批，导致行政效率低下，面对危机事件时难以及时实施有效的解决措施。与此同时，分段治理的情况仍然存在，这不仅造成部门职责的交叉，而且影响部门职能的协调发挥，部门整合的过程又容易导致行政人员的划转困难，对接人员业务衔接的不顺畅极易影响行政效率。因此，必须进一步理顺食品安全主管治理部门与其他部门之间的关系，同时提高具体行政人员的工作效率，这样才能做到高效治理。

（五）大部门整合 2.0 时期

大部门整合 2.0 时期主要是指以 2018 年以来的大部门再次整合后的治理模式为主的时期。2018 年，考虑到药品安全监管的特殊性以及食品安全监管的权威性和专业性，国家市场监督管理总局建立[31]。这一行政改革推动了食品安全的治理模式向职能统一的趋势发展。

首先，在治理行动者方面，建立了国家市场监督管理总局作为国务院直属机构，并整合国家食品药品监督管理总局等多个机构的职责，负责食品安全监管以及食品安全应急体系的建设，同时负责组织调查重大食品安全危机事件并进行相应的处置工作。这一改革顺应了时代发展的需要，体现了顶层设计的优越性，同时，这一部门的建立意味着我国食品安全分散治理模式正式结束。此外，农业农村部代替了农业部的职责，国家卫生健康委员会也代替了原国家卫生与计划生育委员会的地位[32]，这两个部门和国家市场监管总局共同确保食品安全的监管，食品安全统一治理的时代正式到来。

其次，在治理方式方面，如今的食品安全治理方式更为多元，在行政部门发挥主导治理作用的同时，政府也积极鼓励和引导各种形式的社会监督。在立法层面，2018 年底，我国修订了《中华人民共和国食品安全法》，修订后的法律根据社会发展和时代变迁，增加了如何明确和追究网络中食品交易者的责任，并特别规定了婴幼儿配方乳粉的生产限制。同时，该法规定食品生产经营者应当建立安全追溯体系，而相关行政机构也要建立与之相协调的全程追溯协作机制。修订后的食品安全法建立了严厉的法律责任制度，不仅弥补了法律的漏洞，而且规范了食品的生产过程和责任追究，为其治理提供了更完善的法律依据。此外，在完善行政治理的同时，其他形式的治理方式也发挥着越来越大的作用。在食品行业不断发展的同时，危机事件的影响逐渐淡化，消费升级带来的品质追求推动企业积极适应消费需求，消费者的维权意识也逐渐加强。相关的食品安全举报制度的建立和推行也激励生产者进行更严格的自我监督。在市场化导向更加明显的当下，政府的引导作用相对弱化，而市场中的各个主体为获得利益而进行的监管将发挥更大的作用[33]。在现阶段，仅依靠行政治理显然已经不能适应时代发展的要求，因此，多元的治理方式更能推动食品安全治理模式的完善。

最后，就该时期治理模式的特点而言，治理职能集中化的趋势已经越来越明显，以国家市场监督管理总局为主导的治理虽然有利于安全监管的集中性、统一性，但其专业性是否能够得到保证仍然有待研究，权力和机构设置能否有效划分以确保食品和药品的安全监管也应该成为关注的重点。此外，我国的食品安全治理方式虽然呈现多元发展趋势，但依旧主要通过立法等强制措施实施监管，企业的自我监管处于辅助地位，市场的决定性作用和自我调节的经济手段并没有得到充分发挥，并且社会共治的观念也没有得到有效普及。同时，食品安全治理仍以产品质量检验作为安全管理的主要手段，抽检制是主要的监管方式，即定期对食品进行抽样检查，对抽样检查中的不合格食品进行行政处罚。但是该方法具有一定的风险性，不能完全确保整个食品行业的安全指数，也无法对食品的生产和销售流程进行必要的监督，即使发现了食品存在危及安全的因素，可能许多产品已经被消费者食用并造成危害了。所以，为保证广大人民群众的食品食用安全，倡导多元参与治理并改进监督方式在当下是大势所趋。

五　结论与展望

一方面，从食品安全治理模式的演变历程来看，改革开放以来，我国食品安全治理模式经历了一个从职能混合到职能协调，再到职能统一的过程，治理行动者的行政机构设置经历了由单一部门向多部门，再由多部门向一个或几个部门的周期性发展历程，逐步实现了治理权力的相对集中。这说明食品安全治理随着时代的发展和新型安全风险的出现更加专业化和高效化。另一方面，随着消费者对食品安全诉求的升级和维权意识的增强，食品消费的满意度逐渐被重视，食品安全的内涵也不局限于质量安全，而是逐步扩大到营养安全以及与人类可持续发展相关的各个方面，比如环境问题和转基因问题。因此，随着食品安全治理内涵的扩大和深化，安全治理的方式也向多元化方向发展，社会和行政部门的协同治理作用也被重视，我国食品安全治理模式正在不断升级和优化。但治理模式的演变历程也显示出一些模式固有的问题和缺陷，例如，我国的食品安全治理依旧过度依赖于行政手段，但在社会不断变革的当下，社会共治和全面监督的作用越来越重要。在治理模式演变的历程中，被动性和强制性的变迁发挥着主导作用，这种演变特点使得对漏洞的修补并不完善[34]。由此，本文将利用治理模式的组成因素，为其完善提出建议，从而为存在的问题提供解决思路和创新方案。

首先，协调治理行动者之间的关系必不可少。国家市场监督管理总局建立之后，相关的食品安全监管部门应当在其原有职责的基础之上，根据其整体规划，明确各个部门的权力和职责，减少因权责分工不明而导致的行政效率低下问题。同时，各个部门应关注事前监督和事后监督两个方面，在食品安全危机出现时及时解决问题，并防止食品安全事故的再次出现。另外，在明确部门权能的同时，应积极发挥第三方治理者和生产企业自身的作用。一方面，政府部门应当积极协调第三方治理主体的关系，如中国乳品工业协会和奶业协会等行业协会，避免因职责冲突导致的治理矛盾；另一方面，政府应积极利用新闻媒体对安全事故的舆论影响，发挥社会的监督作用，避免消费者恐慌，稳定行业正常的经济秩序。官方媒体还可以公布食品生产要求和食品检测结果，或者通过民间检测机构随机检测食品安全。此外，企业自身也应加强对食品质量安全的监管，建立和完善企业自身的治理体系和标准，同时积极引进国际食品安全治理机制，保证食品质量合格。在保证生产过程中食品安全的前提下，减少流通中的危害因素，才能减少安全事故的发生概率，促进行业的稳定发展。

其次，扶持治理对象对于食品行业的发展有重要意义。目前，我国的食品行业依旧存在不少问题。一方面，生产者拥有的自主知识产权较少，行业科技对外依赖度较高，如果不具备关键创新能力，我国食品行业的国际竞争力将被削弱；另一方面，由于城乡差异和需求偏好的存在，企业更偏向于营销而不是培养创新能力，并且在整个行业中，大型企业的发展水平远远领先于中小企业，绝大部分市场份额被大型企业占领。因此，要想促进食品行业的发展，不仅要完善食品安全治理模式，更要在治理的同时积极扶持该行业。我国政府需要在政策上关注和积极支持中小生产企业，减少因垄断导致的市场配置效率低下，并鼓励提高行业的创新能力和水平，平衡我国食品行业的发展，针对我国食品行业的现状进行积极引导，全面提高其国际竞争力和发展水平。

再次，食品安全治理的方式也要不断地完善。在食品安全治理模式中，行政治理方式、社会治理方式和市场治理方式是相辅相成的。其中，健全的法律法规体系是食品安全治理的重要保障。立法机关应及时填补已有法律的缺陷和空白，减少法律法规的漏洞。同时，行政部门在颁布行政管理条例之前，应当在其他管理部门颁布的条例基础上进行进一步的梳理和完善，避免规定交叉或互相矛盾等情况的出现。在立法的同时，应该关注国际食品安全管理的标准，逐步向国际标准看齐，加大监督检查力度，提高我国食品安全标准的国际标准采标率。而第三方治理行动者也应努力实现良性互动，积极协调政府、生产者和消费者之间的关系，为消费者表达其利益诉求开辟有效的渠道，为食品安全治理创造良好的社会环境和氛围。生产企业也要积极提高监管能力，创新治理方式，改革治理模式，提高企业信誉，实现行业的持续健康发展。另外，在食品市场中，要努力规范其生产安全，并且通过调节市场价格、保障产权等有效的经济性治理工具保障市场经济的有序发展。

最后，治理目标应该根据社会需求进一步明确。因为历史背景的差异，不同时期的治理目标有不同的侧重点，改革开放以来，我国食品安全关注的重点从数量安全向质量安全再向营养安全的方向发展，这是随着时代发展和消费者需求不断变化的。总体来说，食品安全治理的目标即是保障消费者的健康，促进食品行业的发展，维持正常的经济秩序。要想建立完善的食品安全治理模式，就必须明确该时期的治理目标，以目标为导向，在加强对食品生产过程监管的同时，注重重塑消费者信心，并进行合理的引导和协调，实现提高消费者福利的目的。同时，必须时刻将消费者的利益放在首位，在食品生产企业中，积极推行 HACCP、GMP、GAP 体系，关注食品生产过程，建立完善的食品监管程序和标准保证食品安全，全面提高监管水平，确保消费者实现消费目的。我国食品行业有所发展，食品安全治理模式不断完善，我国对食品的治理处于不断适应时代发展和不断完善自身的状态，在乳制品中滥用非食用物质等安全事件发生的数量也在逐渐减少[35]，乳制品安全风险的分布已有和发达国家类似的趋势①。但我国的食品安全现状与消费者日益增长的安全需求仍有一定差距，努力提升食品的安全水平依旧任重道远。

参考文献

[1] 李光德：《中国食品安全卫生社会性规制变迁的新制度经济学分析》，《当代财经》2004 年第 7 期。

[2] 宋大维：《中外食品安全监管的比较研究》，中国人民大学出版社，2008。

[3] 连君：《我国食品安全政府监管体系研究综述》，《湖南工业大学学报》（社会科学版）2013 年第 18 期。

[4] 文晓巍、杨朝慧、陈一康、温思美：《改革开放四十周年——我国食品安全问题

① 根据经济学人智库发布的 2017 年全球食品安全指数（GFSI），中国在 113 个国家中排第 45 位，综合得分为 63.7。在食品质量和安全方面，中国排第 38 位。在食品可承受性、自然资源和韧性方面，中国分别排在第 47 位和第 66 位。总体上看，中国食品安全水平已居世界中上水平和发展中国家前列。

关注重点变迁及内在逻辑》，《农业经济问题》2018 年第 10 期。

[5] 喻闻、杨建青：《奶源供应链结构研究》，《中国乳业》2008 年第 3 期。

[6] 何安华：《基于产业链的乳品质量安全控制的博弈分析》，《农业经济与管理》2012 年第 1 期。

[7] 崔嵛、林少华、英联：《副产品支持中国乳业可持续健康发展》，《中国乳业》2010 年第 8 期。

[8] 王芳、孙鹤：《乳制品质量监督机制博弈分析》，《中国集体经济》2012 年第 21 期。

[9] 宋宝娥：《基于 HACCP 的乳制品供应链质量安全管控研究》，《中国奶牛》2016 年第 12 期。

[10] 白宝光、马军：《乳制品质量安全问题治理机制创新研究》，《科学管理研究》2017 年第 35 期。

[11] Sue Booth，"Food Politics：How the Food Industry Influences Nutrition and Health"，*Critical Public Health*，2003，13（2）.

[12] L. Bava，"Impact Assessment of Traditional Food Manufacturing：The Case of Grana Padano Cheese"，*Science of the Total Environment*，2018，626.

[13] E. Ponzoni，S. Gian，"From Milk to Diet：Feed Recognition for Milk Authenticity"，*Journal of Dairy Science*，2009，92（11）.

[14] Marianna Charalambous，Peter J. Fryer，et al.，"Implementation of Food Safety Management Systems in Small Food Businesses in Cyprus"，*Food Control*，2015.

[15] Ciara Walsh，Maria Chiara Leva，"A Review of Human Factors and Food Safety in Ireland"，*Safety Science*，2018.

[16] Mohamed H. M. Hussein，et al.，"Preparation of some Eco-friendly Corrosion Inhibitors Having Antibacterial Activity from Sea Food Waste"，*Journal of Surfactants and Detergents*，2013.

[17] 徐维光：《〈食品卫生法〉执行中有关法规重叠问题的探讨》，《中国农村事业卫生管理》1992 年第 5 期。

[18] 张保锋：《中外乳品工业发展概览》，哈尔滨地图出版社，2005，第 15 页。

[19] 刘鹏：《中国食品安全监管——基于体制变迁与绩效评估的实证研究》，《公共管理学报》2010 年第 2 期。

[20] 胡颖廉：《改革开放 40 年中国食品安全监管体制和机构演进》，《中国食品药品监管》2018 年第 10 期。

[21] 刘鹏：《中国食品安全监管——基于体制变迁与绩效评估的实证研究》，《公共管

理学报》2010 年第 2 期。

[22] 孙维维:《中国食品安全监管体制演进》,《第一财经》,2018 年 8 月 13 日,https://finance.ifeng.com/a/20180813/16446071_0.shtml。

[23] 孙岩:《我国食品安全监管存在的问题及其改进研究》,中国海洋大学出版社,2014,第 19 页。

[24] 董银果、王丽:《我国乳品安全监管失效的制度因素》,《华中农业大学学报》(社会科学版)2012 年第 6 期。

[25] 张峻豪:《我国食品安全监管及其模式变迁:一个产权理论的分析框架》,《宏观质量研究》2014 年第 1 期。

[26] 李旭:《我国食品标准的演进历程及现状概述》,《中国标准化》2019 年第 3 期。

[27] 郁恋明:《我国食品安全风险评估及监管体系研究》,《生物技术世界》2015 年第 8 期。

[28] 周文利、程景雄、龄南、胡长利:《我国乳品质量安全现状及对策分析》,《中国奶牛》2018 年第 12 期。

[29] 杨庆懿、杨柳:《食品安全监管中多元主体协同治理机制分析》,《食品安全导刊》2018 年第 34 期。

[30] 张良炜:《基于生产环节的建瓯市食品安全管理难点和策略研究》,福建师范大学出版社,2017,第 24 页。

[31] 刘长玉、于涛、马英红:《基于产品质量监管视角的政府、企业与消费者博弈策略研究》,《中国管理科学》2019 年第 4 期。

[32] 张少辉:《乳品安全与质量检测研究发展趋势》,《食品安全质量检测学报》2019 年第 10 期。

[33] 胡冰川:《2018 年中国奶业发展与 2019 年展望》,《农业展望》2019 年第 15 期。

[34] 李岱宗;《我国食品安全监管体系现状及发展建议》,《现代食品》2018 年第 24 期。

[35] 韦吉:《食品生产许可后续监管法律制度探析》,广西师范大学出版社,2018,第 22 页。

我国参与食品安全国际共治的动因与路径研究*

吕煜昕　池海波**

摘　要： 食品安全问题是影响我国居民生活质量的重要因素，食品安全风险与由此引发的安全事件已成为我国最大的社会风险之一，引起了全社会的广泛关注。然而，食品安全风险治理是全球性难题，迫切需要世界各国共同参与治理，构建食品安全国际共治格局。自 2015 年召开的博鳌亚洲论坛提出食品安全国际共治的概念以来，我国参与食品安全国际共治的实践取得了较大的进展，但相关的理论研究则十分滞后。本文基于国内食品安全现状和国际食品安全形势，探究了我国参与食品安全国际共治的动因。从国内看，食品安全上升为国家战略，进口食品的重要性提升；从国际看，全球食品安全风险增大，食品供应链深度发展，食品科技引发新的安全问题，食品安全贸易壁垒高企。这些因素均促使我国参与食品安全国际共治。在此基础上，分析了我国参与食品安全国际共治面临的问题，包括食品安全监管体制不同、食品安全标准存在差异、食品安全国际共治机制不成熟、国际政治经济环境不稳定等，阻碍了我国参与食品安全国际共治的进程。最后，针对面临的诸多障碍，提出我国参与食品安全国际共治的有效路径，要重点推进国际共治机制建设，加强对进口食品供应链的管理，在食品安全技术、标准等领域加强合作，建立食品安全多边协作机制。

---

* 本文是浙江省社科联研究课题重点项目“基于风险分级的浙江省食品安全监管重点研究（2018Z05）”阶段性成果。

** 吕煜昕，浙江大学舟山海洋研究中心研究人员，主要从事食品安全管理等方面的研究；池海波，浙江海洋大学食品与医药学院教师，主要从事食品质量安全等方面的研究。

关键词： 食品安全　国际共治　食品供应链　食品科技

一　引言

近年来，我国食品安全状况呈现“总体稳定，趋势向好”的基本态势，但仍处于食品安全事件的高发多发期，2008～2017年发生的各类食品安全事件约为40.80万起，平均每天的发生量达到惊人的111.78起[1]。不断发生的食品安全事件表明，食品安全问题已经成为影响我国居民生活质量的重要因素，食品安全风险与由此引发的安全事件也已成为我国最大的社会风险之一[2]，甚至导致一些消费者对国内食品的信心不足，形成进口食品的“海淘”热潮。正如习近平总书记所言：“毒奶粉、地沟油、假羊肉、镉大米、毒生姜、染色脐橙等事件，都引起了群众愤慨……‘三鹿奶粉’事件的负面影响至今还没有消除，老百姓还是谈国产奶粉色变，出国出境四处采购婴幼儿奶粉，弄得一些地方对中国人限购。想到这些事，我心情就很沉重。”在消费者对国内食品安全失去信心的背景下，我国食品进口贸易持续快速发展，分别于2011年和2013年成为全球最大的食用农产品进口市场和食品进口市场[3]，而截至2017年，进口食品占国内食品消费总量的比重已经达到10%以上[4]。由此可见，进口食品已经成为我国居民食品消费的重要来源，在我国食品消费结构中具有越来越重要的作用。然而，随着食品进口量的增加，不合格进口食品的数量也呈现逐年上升的趋势，进口食品安全事件时有发生，对我国居民的食品消费安全构成潜在威胁。确保进口食品的质量安全，已经成为保障国内食品安全的重要组成部分。

相较于国内食品，进口食品供应链更长、更复杂，涉及的责任主体分布更广泛，加之受主权管辖、监管成本以及有限信息等多方面因素制约，我国相关部门对进口食品安全的监管难度更大。进口食品跨国、跨境的特性导致我国很难独自对其进行有效治理，迫切需要与其他国家展开食品安全治理的国际合作，实现食品安全治理领域的互利共赢。为了有效保障进口食品的质量安全，2015年召开的博鳌亚洲论坛提出了食品安全国际共治的概念，认为各国政府、国际组织、企业要在保障全球食品安全、促进食品国际贸易、开展食品安全技术研发等领域共同合作。之后，我国的食品安全国际共治工作取得了较大的进展，仅“十二五”期间，就与全球主要贸易伙伴签署了 99 个食品安全合作协议，并主持 APEC 食品安全合作论坛，积极参与 WTO、CAC、OIE、IPPC 等国际组织活动，推动食品安全多边合作[3]。但是，与食品安全国际共治的实践相比，相关的理论研究则十分滞后，目前鲜有食品安全国际共治的相关文献报道。本文从动因、问题与路径三个方面就我国参与食品安全国际共治展开研究，对有效保障进口食品安全和丰富学术界的研究具有重要意义。

二　我国参与食品安全国际共治的动因

无论是从国内食品安全现状，还是从国际食品安全形势看，我国参与食品安全国际共治都显得必要而紧迫。

（一）食品安全上升为国家战略

食品安全已经成为全社会普遍关注的社会问题，如《小康》杂志等发布的调查结果显示，食品安全问题已经连续 5 年位居中国最让人担忧的十大安全问题之首[5]。公众对食品安全的满意度持续低迷，尹世久等对全国 10 个省份 4358 名居民的调查结果显示，公众对食品安全比较满意和非常满意的比例仅为 27.79%[6]。对此，党和政府也高度重视食品安全问题。习近平总书记强调，“食品安全既是重大的民生问题，也是重大的政治问题”，“食品安全关系中华民族未来，能不能在食品安全上给老百姓一个满意的交代，是对我们执政能力的考验。老百姓能不能吃得安全，能不能吃得安心，已经直接关系到对执政党的信任问题，对国家的信任问题”，“我们党在中国执政，要是连个食品安全都做不好，还长期做不好的话，有人就会提出够不够格的问题。所以，食品安全问题必须引起高度关注，下最大气力抓好”。李克强总理则提出：“食品安全是全面建成小康社会的重要标志。”“十三五”规划、党的十九大报告均提出实施食品安全战略，这表明食品安全已经上升为国家战略，成为新时代党和政府工作的重中之重。进口食品安全是国内食品安全的重要组成部分，也必须下大力气去抓。

（二）进口食品重要性增加

如表1所示，2011年、2017年，我国食品出口贸易额累计增长25.3%，而同期我国食品进口贸易额累计增长67.2%，进口食品的增长速度远高于出口食品的增长速度。因此，近年来我国食品贸易顺差逐步缩小，由2011年的134.3亿美元下降为2017年的13.9亿美元，累计下降了89.7%，进口食品贸易额有超越出口食品的趋势，再次显示我国食品进口贸易额快速增长，重要性不断提高。具体而言，2011～2017年，水产品的进口贸易额增长了43.9%，蔬菜、水果及坚果进口增长了74.2%，谷物类进口增长了109.1%，肉类进口增长了177.8%，乳品、蛋品及蜂蜜进口更是增长了258.6%。由此可见，我国食品贸易顺差显著降低，食品进口贸易的发展呈现增长势头迅猛、总量持续扩大、结构不断优化的基本特征，在调节国内食品供求关系、满足消费者多样化的食品消费需求、改善居民膳食结构等方面发挥了日益重要的作用。伴随着我国“一带一路”倡议的深入推进，预计未来进口食品的重要性将进一步提升。

表1　2011年与2017年我国进出口食品与主要进口食品类别的贸易额

单位：亿美元，%

	2011年	2017年	2017年比2011年增减
食品出口	503.2	630.7	25.3
食品进口	368.9	616.8	67.2
其中：			
乳品、蛋品及蜂蜜进口	26.6	95.4	258.6
蔬菜、水果及坚果进口	54.6	95.1	74.2
肉类进口	34.2	95.0	177.8
水产品进口	57.6	82.9	43.9
谷物类进口	36.4	76.1	109.1

资料来源：商务部对外贸易司《中国进出口月度统计报告：食品》（2011年、2017年）。

（三）全球食品安全风险增大

食品安全风险治理是全球性难题，并非中国独有，每个国家的消费者均面临不同程度的食品安全风险。据世界卫生组织统计，全球每年大约有200 万人的死亡与不安全食品有关[7]。近年来，全球食品安全风险增加，世界各国均爆发了一系列食品安全事件，如日本的“雪印”牛奶细菌感染事件、美国的“毒菠菜”事件和花生酱含沙门氏杆菌事件、英国的“疯牛病”事件和“马肉风波”、丹麦的“毒香肠”致死事件、德国的预包装烤肉含致病菌事件和“毒草莓”事件、蔓延整个欧洲的“毒鸡蛋”事件等。在此背景下，近年来，我国进口食品的安全风险逐年增大，主要表现在以下三个方面（见表 2）。第一，进口食品的不合格批次呈上升趋势。2011 年，我国进口食品的不合格批次仅为 1857 批次，到 2017 年，国家质量监督检验检疫总局检出不合格进口食品共计 6631 批次，较 2011 年增长 2.6 倍，进口食品的质量安全风险增长明显。第二，进口食品的主要风险增强。伴随着进口食品不合格批次整体的快速增长，我国进口食品的主要风险不断强化，2011 年、2017 年，食品添加剂不合格的进口食品批次增长 1.4 倍，标签不合格的增长 4.7 倍，品质不合格的增长 6.2 倍，证书不合格的增长 6.2 倍，包装不合格的更是增长了惊人的 17.3 倍。第三，不合格进口食品的来源地逐步扩大。2011 年不合格进口食品来自 67 个国家和地区，到 2017 年不合格进口食品的来源国家和地区已经增长到 94 个，增长 40.3%。这是一个不好的现象，表明不合格进口食品的来源地逐步扩大，不利于我国对进口食品的监管。

表 2　2011 年和 2017 年我国进口食品不合格批次、主要原因与来源地数量

	2011 年	2017 年	2017 年比 2011 年增减（%）
不合格批次	1857	6631	257.1
食品添加剂不合格	406	968	138.4
标签不合格	186	1065	472.6
品质不合格	211	1518	619.4
证书不合格	178	1278	618.0
包装不合格	23	422	1734.8
来源地数量（个）	67	94	40.3

资料来源：原国家质量监督检验检疫总局进出口食品安全局发布的 2011 年、2017 年 1 ~ 12 月进境不合格食品、化妆品信息，由笔者整理计算所得。

（四）全球食品供应链深度发展

目前，全球食品供应链发生两方面的深刻变化：一是从纵向角度看，随着社会分工的不断细化，食品供应链通常被分割为产品研发、农业生产、加工制造、仓储运输、市场营销和销售等不同环节；二是从横向角度看，随着贸易全球化和物流业发展，食品原料供应和生产出现了“本地化为主”向“区域化和全球化为主”的转变，食品供应链分布于不同的国家和地区。食品供应链的国际化和复杂化导致监管链条相应延伸，增加了政府监管的难度，每个环节出现问题都可能引发全球性的食品安全事件。2011 年发生在中国台湾地区的塑化剂事件是比较典型的案例。2011 年 5 月起，中国台湾地区的食品中相继被检测出含有不同的塑化剂成分，被检出塑化剂的食品高达 948 项。原国家质检总局公布的受中国台湾地区塑化剂污染波及的问题企业及其相关产品名单，问题企业为 302 家，相关产品高达 1002 种。不仅如此，这次遭塑化剂污染的食品影响范围波及东南亚、美国、中东等 21 个国家和地区，被中国台湾地区的卫生专家称为“人类史上最大的塑化剂污染事件”和“中国台湾地区 30 年来最严重的食品安全事件”[8]。因此，在经济全球化的今天，面对食品安全问题，任何一个国家和地区都很难独善其身，包括中国在内的世界各国必须加强食品安全的国际共治。

（五）食品科技引发新的安全问题

近年来，全球食品科技飞速发展，在为人们提供多样化食品种类、促进食品产业快速发展的同时，也带来了新的食品安全问题。第一，转基因食品安全问题。2017 年，全球转基因作物的种植面积从 1996 年的 170 万公顷增加到 1.898 亿公顷，增加了 110.6 倍；种植转基因食品的国家高达 24 个，包括 19 个发展中国家和 5 个发达国家；转基因大豆、玉米、棉花和油菜是种植面积最多的转基因作物，全球约 80% 的棉花、77% 的大豆、32% 的玉米和 30% 的油菜是转基因作物[9]。然而，转基因食品的安全性一直是备受争议的话题，关于其安全性尚没有最终结论[10]。近年来，我国进口食品频频遭遇转基因食品安全风险，仅 2017 年，我国进口食品中因含有违规转基因成分而被拒入境的就有 21 批次[11]。第二，核辐射污染问题。2011 年 3 月，日本福岛第一核电站的放射性物质外泄，导致核电站附近的蔬菜、水果、水稻、肉类、鱼类等各种食物受到放射性物质污染，导致我国从日本进口食品的核辐射风险升高。2015 年 6 月，广州出入境检验检疫局查出 6957 件、货值 23 万元人民币的日本核辐射污染地生产的食品，均无法提供日本政府出具的放射性物质检测合格证明及原产地证明等资料[3]。2017 年央视"315 晚会"曝光了日本核污染地区违规食品在国内各大网购平台违规销售的情况。这一系列的案例表明核辐射污染问题已经成为影响全球食品安全的重要因素之一。第三，跨境电子商务。目前，我国已经进入跨境电商时代，消费者在家就可以购买来自全球的食品。然而，跨境电商经营主体复杂，责任尚不明确，且跨境电商进口食品多从境外市场直接采购，产品来源复杂，受主权管辖制约、监管成本等方面因素的限制，食品安全监管面临巨大考验。以 2016 年为例，当年我国共检测跨境电商食品、化妆品共 26273 批，其中检出不合格 1210 批，不合格率为 4.6%，不合格率比正常贸易渠道高 5 倍多[12]。

（六）食品安全贸易壁垒高企

伴随全球范围内的消费者对食品质量安全的要求越来越高，食品质量安全成为国际经贸领域越来越重要的议题，由此导致国际贸易过程中不同国家之间不断产生贸易摩擦。由此来看，在国际贸易领域，食品安全已经不仅是单纯的公共卫生问题，更是关系到国家形象和经济利益的贸易问题，甚至可能被某些势力利用变成政治问题。近年来，食品安全问题严重危害了我国食品出口贸易的发展。由于国内爆发的一系列食品安全事件损害了我国的食品国际形象，一些国家以中国食品安全问题为由不断发起技术性贸易保护措施，对中国食品出口进行限制，使我国的食品出口受到严重的影响。仅 2017 年，美国、日本、欧盟、韩国、加拿大 5 个国家和地区就扣留或召回我国不合格出口食品 1581 个批次[1]。具体来说，水产品、畜禽产品因为兽药残留问题经常被欧美国家退运，其出口形势不容乐观；茶叶、坚果等产品则因为农兽药残留超标问题而出口受阻。由此可见，食品安全贸易壁垒直接制约了我国的食品贸易竞争力。

三　我国参与食品安全国际共治面临的问题

虽然治理食品安全风险是全人类的共同心愿，但我国参与食品安全国际共治还面临诸多障碍，这是当前必须正视的问题。

（一）食品安全监管体制不同

由于各国的行政体制存在差异，不同国家政府间的食品安全监管体制各不相同。美国的食品安全监管体系十分复杂，食品安全监管机构高达20个，包括美国食品与药品监督管理局、商务部、动植物检疫局、食品安全检验局、联邦环境保护署等，各监管部门分工明确，各司其职并协调配合[13]。英国环境、食品及农村事务部和食品标准局是两个由英国政府成立的相对独立的国家级机构，全权负责英国的食品安全监管工作[14]。加拿大的食品安全监管工作主要由加拿大食品安全署负责，但食品安全署并不是唯一的食品安全监管部门，其他部门有权对食品安全问题进行监督，这种监督由食品安全署统一协调[15]。而长期以来，我国食品安全监管模式主要是各部门共同监管的分段式监管模式，国家食品药品监督管理局、农业部、商务部、卫生部、国家质量监督检验检疫总局等部门均参与。2013年3月，党中央、国务院正式实施国家食品安全监管体制的改革，有机整合了各种监管资源，将食品生产、流通与消费等环节进行统一监督管理，由“分段监管为主，品种监管为辅”的监管模式转变为集中监管模式，由此形成农业部和国家食品药品监督管理总局集中统一监管，以国家卫生和计划生育委员会为支撑，相关部门参与，国家食品安全委员会综合协调的体制[16]。2018年3月，我国食品安全监管体制再次改革，组建国家市场监督管理总局并承担原国家食品药品监督管理总局的食品安全监管职责和国务院食品安全委员会的具体工作，实行统一的市场监管。不同的监管机构类型为我国参与食品安全国际共治带来了一定的困难，在加强食品安全监管合作时需要考虑不同国家的食品安全监管机构差异，采用不同的形式展开合作。

（二）食品安全标准存在差异

从食品安全标准的角度看，我国食品安全标准与全球主要国家的食品安全标准差距较大，出现了异化的现象，这主要体现在两个方面。一方面，我国的某些食品安全质量标准严重落后于主要发达国家。以农药标准为例，我国使用的农药主要是杀虫剂，杀菌剂和除草剂使用较少，但国外主要使用的是除草剂和杀菌剂，较少使用杀虫剂。这就导致我国的农药残留标准覆盖的产品类型与国外存在较大差异，对于国外经常使用的农药，我国却没有相对应的农残限量标准，或者严重低于国外的限量标准。2012 年 4 月，国际非政府组织“绿色和平组织”发布声明称，该组织抽取了世界知名茶叶品牌“立顿”牌袋泡茶叶的 4 份样品，结果发现抽检样品中含有 17 种农药残留，引起了我国消费者的广泛关注。然而，让人无奈的是，“立顿”茶隶属的联合利华公司则强调，“绿色和平组织”的检测采用的是欧盟标准，但以中国标准这些茶叶完全合格[17]。可见，在食品安全标准上不能同国际市场对接，不仅导致进口食品对国内市场的冲击，损害国家以及农民、食品企业的利益，而且还会危害消费者的身体健康。另一方面，我国的某些食品安全标准严于全球主要国家。2017 年，我国检测出的 6631 批次的不合格进口食品中，有相当大部分是因为各国的食品安全标准与我国存在差异。如添加剂的使用不符合我国规定，我国禁止使用莱克多巴胺，但美国、澳大利亚、巴西、加拿大、墨西哥及泰国等允许使用；我国禁止使用面粉增白剂过氧化苯甲酰，但国际标准以及美国、加拿大、澳大利亚、新西兰等国家的标准仍允许使用；我国禁止在面包中使用焦糖色，而欧盟的食品安全标准则允许使用；我国禁止在食用冰中使用抗氧化剂 TBHQ，但国际标准允许使用；我国果冻中防腐剂山梨酸钾的使用限量是 0.5 克/千克，而欧盟的标准却高达 1.0 克/千克[18]。这些食品安全标准的不一致，不仅会给食品国际贸易带来众多的纷争，导致贸易摩擦的不断升级，而且也会给我国参与食品安全国际共治带来诸多障碍。

（三）食品安全国际共治机制不成熟

目前，世界各国之间尚未建立统一的食品安全国际共治机制，这为我国参与食品安全国际共治带来了挑战。第一，国家之间尚未建立食品安全突发事件的信息通报制度。目前国际社会尚处于无政府状态，各国之间还没有建立合理的机制来及时传递突发的食品安全事件，共同应对食品安全事件带来的挑战。而且，出于对自身国家利益的考虑，各国在进行食品安全信息交流和订立契约时，一般会有意隐藏对自身不利的信息，甚至会传递虚假信息来迷惑其他国家，造成国家之间传递的信息可信度较低，信息数据的透明度不高。这会给食品安全治理带来不必要的麻烦，影响食品安全国际共治的顺利开展。第二，国家间的信任机制不完善。在无政府状态下，由于没有合理的约束机制，各国之间可能出现相互不信任的情况，尤其是我国与西方发达国家之间，由于社会制度存在差异，这种不信任可能会进一步加剧，增加了我国参与食品安全国际共治的难度。第三，国家间尚未建立一套全球性的食品安全监管及责任追究机制。在经济全球化的大背景下，食品供应链的国际化和复杂化导致食品原料可能来自多个国家，食品的加工生产也可能在不同的区域进行，而且不同地域的食品生产环境千差万别，这些都会对食品安全产生影响。此外，食品在包装、保鲜、运输过程中也可能受到污染，引发质量安全问题。然而，目前国家间没有建立统一的食品安全监管及责任追究机制，导致出现食品安全问题时，各个国家之间相互推卸责任，最终造成相互猜忌、人人自危的局面，给食品安全国际共治蒙上阴影。

（四）国际政治经济环境不稳定

食品安全国际共治需要世界各国共同参与，然而，当前的国际政治经济形势极不稳定，给我国参与食品安全国际共治造成了较差的外部环境。第一，世界经济不景气。世界经济增速持续放缓，全球经济复苏艰难，潜在经济增长率有所下降，全球总债务水平不断提高，国际金融市场脆弱性加大，国际贸易投资更加低迷，居民收入差距和民民财富差距越来越大，美国成为世界经济不稳定的来源，反全球化趋势日益明显，世界经济面临更多的风险和挑战。在此背景下，各国可能会为了促进经济增长而放弃对食品安全的严厉监管，丧失参与食品安全国际共治的积极性。第二，国际安全形势复杂多变。目前，全球安全事件不断爆发，国际安全形势不容乐观。中东地区的局部冲突引发欧洲的难民危机，极端组织有向全球渗透的趋势，欧洲内部爆发政治冲突且英国启动脱欧进程。这一系列的安全事件不仅导致国家间的关系紧张复杂，影响各国共同参与食品安全国际共治，而且使各国的主要精力放在应对地区安全事件上，对食品安全治理等民生问题则无暇顾及。第三，区域关系不稳定。区域关系不稳定也会影响食品安全国际共治进程。例如，中国台湾地区一直是我国不合格进口食品的主要来源地之一，2017 年大陆地区检测出进口自中国台湾地区的不合格食品共计 698 批次，占所有不合格进口食品的 10.53%[11]。因此，中国大陆与中国台湾地区加强食品安全治理的合作十分必要。然而，自蔡英文就任中国台湾地区最高领导人以来，拒绝承认“九二共识”，导致两岸关系紧张，各方面的交流与合作处于低谷，这极大地影响了双方之间食品安全治理的合作。

四　我国参与食品安全国际共治的有效路径

面对我国参与食品安全国际共治的诸多障碍，要重点推进国际共治机制建设，加强对进口食品供应链的管理，在食品安全技术、标准等领域加强合作，建立食品安全多边协作机制。

（一）推动食品安全国际共治机制建设

食品安全国际共治机制建设需要各国共同参与，这是一个长期的建设过程。我国作为全球最大的食品贸易国家之一，可以通过“一带一路”、G20 峰会、金砖国家领导人峰会等国际平台推动食品安全国际共治机制建设。第一，推动建立食品安全突发事件的信息通报制度。加强与主要国家、国际组织、跨国公司的合作，建立食品安全突发事件的信息通报制度，及时传递国际上突发食品安全事件的详细信息，使各国能够及时做出反应，积极应对。第二，加强与其他国家的互信。与其他国家签署协议，加强对各国行为的约束，增强彼此互信，为我国参与食品安全国际共治奠定基础。第三，推动建立全球性的食品安全监管及责任追究机制。在发生食品安全问题后，能够科学客观地认定食品安全风险的源头，并对引发食品安全问题的国家或企业主体进行责任追究和处罚。第四，在以上工作的基础上，推动食品安全突发事件和重大事故应急体系建设。与主要国家和国际组织合作，开发一套完善的、科学严谨的、可操作性强的食品安全应急体系，以建立应急工作机制为主要内容，最大限度地降低食品安全重大事故造成的危害。

（二）加强食品安全技术合作

面对食品科技发展引发的食品安全问题，我国需要与其他国家展开食品安全技术合作，共同应对科技发展所带来的挑战。第一，与其他国家签订食品安全技术合作协议，进行联合科技攻关，重点突破基础性强、应用面广、影响范围大的关键性技术，搭建食品安全科研基础数据的国际共享平台，合作研制开发快速准确测定食品中转基因成分、核辐射等有害物质的技术和装备。第二，加强食品安全领域的技术转让合作，减少国外在食品安全领域对我国技术出口的限制，通过技术转让的方式满足食品“从农田到餐桌”全链条、全流程监管的需要。同时，寻求发达国家对我国在内的发展中国家的技术支持和援助，促进全球食品安全技术水平的共同提高。第三，与其他国家联合培养食品安全高级人才，学习国外先进的食品安全技术和食品安全管理经验，为食品安全技术的研究与开发提供充足的人才储备。第四，举办食品安全国际论坛，不仅吸引全球主要国家参与，而且要大力支持国际组织、食品相关企业、媒体和专家学者加入，就食品安全问题展开讨论，分享技术成果和监管经验，为加强食品安全科技合作提供智力支持。

（三）积极参与食品安全国际标准制定

联合国食品法典委员会（CAC）是全球重要的食品安全标准制定组织，其制定的食品安全与食品贸易的技术性法规是世界贸易组织的裁判标准，通常被各国政府借鉴来制定国家标准和法规。我国于 20 世纪 80 年代加入联合国食品法典委员会，当时德国、法国、英国等欧洲国家的国际标准采纳率已经达到 80%，日本甚至达到了 90%，而我国即使到目前也只有 40% 的标准与国际标准相匹配，与联合国食品法典委员会的标准存在较大差距[19~20]。自联合国食品法典委员会成立以来，欧美等发达国家利用本国技术先进、熟悉国际规则、标准体系完备等优势，垄断了绝大多数标准的起草工作，甚至将本国现有的标准和法规直接引入国际法典，掌握了国际标准的解释权，这对我国参与食品安全国际贸易极其不利。因此，我国有必要通过联合国食品法典委员会的平台来参与食品安全国际标准的基本工作。一方面，要主动对接国际标准，在充分保障国家利益和我国消费者权益的基础上，按照国际法典的内容修改我国现有的食品安全标准，提高国际标准的采用率，构建与国际法典相衔接的食品安全标准体系；另一方面，要全面了解联合国食品法典委员会的议事日程、工作动态和处事规则，积极参与国际标准的修改与制定，表达更多的“中国声音”，提出更多的“中国方案”，扩大我国在联合国食品法典委员会的影响力，力争在国际标准的制定领域获得更多主动权和话语权。

（四）加强对进口食品供应链的管理

针对进口食品存在的质量安全问题，我国需要与其他国家加强合作，进一步加强对进口食品供应链的管理。第一，在国外设立食品安全代表处。由我国的食品安全监管机构按照国际法在使领馆设立食品安全代表处，作为我国在该国的食品安全涉外办事机构，就我国的食品安全标准、食品安全监管制度、食品安全法规体系等与他国进行沟通交流，增强了解与互信，同时对我国进口的食品进行检测，实现早检查、早发现、早处理的目标，将保障我国食品安全的第一道防线前置到他国。第二，建立食品安全诚信档案。与全球主要食品出口国共同建立食品安全诚信档案，在食品国际贸易中企业需要提交诚信档案资料，将食品出口企业的诚信水平作为决定是否准予进口的重要标准，最终逐步建成全球食品安全诚信档案数据库，建立全球食品安全诚信体系。第三，联合打击非法的食品进出口行为。与主要国家建立联合打击非法食品进出口行为的定期合作机制，采用技术交流、人员交流、信息交流、专项联合行动等途径，共同打击非法走私、非法转口、非法夹带等犯罪行为，为国家之间构筑绿色、安全的食品贸易环境。

（五）建立食品安全多边协作机制

由于各国的经济、政治、文化水平不同，全球性的食品安全国际共治机制在短期内很难有效实行。因此，我国可以牵头组织建立国家间或区域性的食品安全双边或多边协作机制，开展食品安全的国家间合作，为食品安全国际共治树立典范。第一，建立食品安全战略对话机制。由各国主要领导人共同参与，就战略性、宏观性、全局性、长期性的重大问题进行磋商，加强食品安全战略对话和沟通，增强彼此互信，为建立食品安全多边协作机制做好顶层设计。第二，建立食品安全联席工作制度。组织召开食品安全合作联席会议，由各方派出的政府官员、专家学者、企业领袖等共同组成，在食品安全标准对接、食品安全政策协同、食品安全信息搜集、食品安全风险评估等领域加强对话和磋商，实现食品安全领域的互利合作。第三，合作成立第三方食品检测机构。在多边协作机制框架下，成立多方参与的第三方食品检测机构，采用各国均认可且与国际标准相衔接的食品安全标准，各方对通过该机构检测的食品的质量安全水平给予认可并准予进口，不仅可以提高各方的食品贸易效率，而且可以极大地减少食品贸易摩擦，促进双边或多边贸易的发展。

参考文献

[1] 尹世久、李锐、吴林海、陈秀娟：《中国食品安全发展报告（2018）》，北京大学出版社，2018。

[2] 吕煜昕、吴林海、池海波、尹世久：《中国水产品质量安全研究报告》，人民出版社，2018。

[3] 国家质检总局：《"十二五"进口食品质量安全状况（白皮书）》，国家质检总局网站，2016。

[4] 尹世久、高杨、吴林海：《构建中国特色的食品安全社会共治体系》，人民出版社，2017。

[5] 鄂璠：《2016 中国平安小康指数：78.1 我们应如何对待医疗安全》，《小康》2016 年第 7 期。

[6] 尹世久、吴林海、王晓莉：《中国食品安全发展报告（2016）》，北京大学出版

社，2016。
[7] World Health Organisation：World Health Day 2015：Food Safety，2015 - 04 - 07.
[8] 李妍：《直击台湾塑化剂危机》，《中国经济周刊》2011 年第 22 期。
[9] 国际农业生物技术应用服务组织：《2016 年全球生物技术/转基因作物商业化发展态势》，《中国生物工程杂志》2018 年第 6 期。
[10] 陆姣、吕煜昕：《基于网络舆情视角的中国大陆转基因食品安全问题分析》，《中国食品安全治理评论》2017 年第 1 期。
[11] 国家质检总局：《2017 年 1—12 月进境不合格食品、化妆品信息》，国家质检总局网站，2018。
[12] 王先知：《央视 315 为何瞄准了跨境电商食品》，2017 - 03 - 16，http://finance.sina.com.cn/zl/china/2017 - 03 - 16/zl-ifycnpiu8776728.shtml? cre = zl&r = user&pos = 2_4。
[13] 李静：《食品安全的网络化治理：美国经验与中国路径》，《江西社会科学》2016 年第 4 期。
[14] 刘亚平：《英国现代监管国家的建构：以食品安全为例》，《华中师范大学学报》（人文社会科学版）2013 年第 4 期。
[15] 巫强、陈梦莹、洪颖：《加拿大食品检验署风险管理的创新驱动机制研究与启示》，《科技管理研究》2014 年第 18 期。
[16] 吴林海、尹世久、陈秀娟等：《从农田到餐桌，如何保证“舌尖上的安全”——我国食品安全风险治理及形势分析》，《中国食品安全治理评论》2018 年第 1 期。
[17] 尹世久：《信息不对称、认证有效性与消费者偏好：以有机食品为例》，中国社会科学出版社，2013。
[18] 国家食药总局科技和标准司：《食品安全标准应用实务》，中国医药科技出版社，2016。
[19] 钟筱红：《我国进口食品安全监管立法之不足及其完善》，《法学论坛》2015 年第 3 期。
[20] 江虹、赵羚男：《食品安全国际多边合作的经验教训及其启示》，《江西社会科学》2015 年第 9 期。

容量约束、信息不对称与食品安全风险治理研究[*]

陈有华　陈美霞　钱桂云[**]

摘　要： 中国正处于食品安全事件高发期，且现行食品安全监管制度边际效率呈现递减趋势。基于此背景，本文试图通过理论分析和一个简单的案例验证，为我国食品安全治理提供一个新的分析框架和思路。研究发现，食品安全事件实为信息不对称下企业主观败德和资源与技术约束下企业客观无奈共同作用的结果，通过理论分析揭示了信息不对称、资源与技术约束对食品生产企业质量决策的作用机制。同时引入激励与惩罚双方面因素设计了新的食品质量安全规制制度。本文的政策启示是，政府在进行食品质量安全规制制度设计过程中要综合考虑信息不对称和资源与技术约束的共同作用，针对主观败德行为应加大监管和惩罚力度，而针对资源与技术约束，则应该考虑技术补贴与质量奖励。

关键词： 质量安全管理　资源约束技术约束　信息不对称

一　引言

在食品质量安全事件频发的中国，食品质量安全监管显得尤为重要，

---

* 本文是广东省哲学社科规划项目（GD2018CYJ01）、国家自然科学基金青年项目（71401057）、国家自然科学基金一般项目（71633002）、国家自然科学基金重点项目（71633002、71333004）和国家社会科学基金重点项目（14AJY020）的阶段性研究成果。

** 陈有华，博士，教授，华南农业大学经济管理学院院长助理，主要从事食物经济学与农业产业组织理论等方面的研究；陈美霞，华南农业大学经济管理学院研究生，研究方向为产业组织与企业行为；钱桂云，华南农业大学经济管理学院研究生，研究方向为食品安全。

因而中央政府已将食品安全作为国家层面的重要战略，以确保“让人民吃得放心”。我们对食品安全问题越来越重视，国家针对食品安全的监管体系也越来越严格，早在 2015 年习近平总书记便提出了坚持“最严谨的标准、最严格的监管、最严厉的处罚、最严肃的问责”做好食品安全工作，同年中国政府对《食品安全法》进行了修订。学界也对其进行了多方位的系统研究，关于食品安全监管最新研究进展已经达到全链条监控以及社会共治的层面，但现有研究整体上将造成食品质量安全事件的原因归结为信息不对称下的企业无德与无能行为，属于主观故意行为。而在规制方面则偏重于对企业的外部监管，试图通过外部监督与惩罚倒逼企业提高食品质量水平，其主要手段还是惩罚与问责[1~3]。遗憾的是，虽然近年来我国食品安全问题总体向好，食品安全事件数量有所下降，但事件总数依然偏高[4]。食品安全事件的成因是什么？针对不同成因的食品安全事件，应该设计怎样的规制制度？这是本文要解决的两大重要问题。

食品质量安全是一个全球性的重要问题。维基百科资料显示，最早记载的食品安全事件为古罗马帝国的“铅糖”事件，随后是中世纪的欧洲频有食品安全事件记载，直到 19 世纪末期，欧洲依然是食品安全事件的重灾区。从 20 世纪初期到中后期，美国则成了食品安全事件的是非地。进入 21 世纪，中国、印度和巴西等后发国家则成为食品安全事件的集中地[5]。根据食品安全事件中心的迁徙过程可知，食品安全事件的发生与经济发展之间存在密切的关系。工业化带来了企业产出规模的不断扩大，而受资源稀缺性约束，工业规模扩张过程中时常发生的一种现象就是数量对质量的替代，这也是造成食品安全事件的内在根源。

本文研究的目的在于为食品安全风险管理提供一个新的分析框架与思路，以提高食品质量安全监管的效率和降低监管的成本，从而降低我国食品质量安全风险。创新之处主要体现在两个方面：第一，结合信息不对称性与容量约束性研究食品安全事件的成因；第二，结合惩罚与激励因素设计食品质量安全规制制度。本研究能够在理论上拓展食物经济与管理的理论框架，在应用方面提高食品质量安全规制的制度效率，进一步降低我国食品质量安全风险。

食品质量安全监管体系的日益完善与食品安全事件数量居高难下的矛

盾说明我们对食品安全管理的认知存在不足，且在食品安全监管过程中忽视了某些重要因素，主要体现在：第一，在食品质量安全成因方面，我们看到了信息不对称下因企业无德所造成的“主观败德型”食品安全事件，却忽视了工业化进程中因技术和原料约束所导致的数量与质量替代所造成的“客观无奈型”食品安全事件；第二，在食品质量安全规制方面，我们看到了监管体系完善与监管能力提升的效果，却忽视了正向激励因素如奖励与补贴政策应用以及基于惩罚的规制制度政策边际效率递减的局限性[6~7]。

二　文献综述

（一）基于信息不对称前提下的食品质量安全与监管研究

1. 食品安全事件原因的研究

根据罗兰等和吴林海等的研究可知，在食品供应链的各个环节，包括食品生产、加工、流通、销售和消费都有可能出现食品安全事件，但生产和加工过程出现的食品安全事件占总数的近80%[8~9]。李清光、吴林海、王晓莉认为购买不合格（违法）的原材料是造成生产加工环节食品安全事件的主要原因[10]。此外，有学者认为灌溉水和土地污染所导致的粮食污染是造成下游食品生产加工质量问题的重要原因[11~13]。另有如李清光等的研究显示我国食品安全事件具有明显的区域差异性，即东南沿海地区是食品安全事件高发地区，说明食品安全问题与经济发展水平具有密切的关系，而非由技术水平决定[14]。而周应恒、王二朋的研究同样暗示，经济发展过程的供需矛盾，即食品供给在质和量上无法满足人们增加的需求以及生产者的“无良”与“无知”是造成食品安全事件的主要原因。

2. 食品质量安全监管研究

质量竞争向来与政府规制和监管密切相关，对食品质量安全问题的研究也毫不例外。关于食品安全问题，多数学者基于信息不对称，从道德和法律的角度进行监管分析，试图通过道德和法律约束缓解食品安全问题[2,15]。如周开国、杨海生、伍颖华从媒体监督的角度研究了食品安全监管制度设计[16]。谢康等则分析了监管力度对食品安全事件的影响，认为两者存在非单调关系[17]。而龚强、张一林和余建宇则认为在信息不对称情况下，可通过信息揭露来提高食品安全水平[18]。麻丽平和霍学喜认为食品安全生产更多地需要自律和他律[19]。谢康等主张通过社会震慑进行食品安全治理[20]。有意思的是，张圣兵认为食品生产企业具有承担社会责任的长效机制[21]。吴元元则认为可以通过市场竞争解决食品安全问题，如利用声誉机制解决食品安全问题[22]。而文晓巍和温思美则强调应该通过建立食品安全信用档案来解决食品质量安全问题[23]。从食品安全监管体系来看，还是以惩罚为主，即主要是针对违反食品安全生产的企业进行处罚，包括罚款、吊销营业执照和追究刑事责任等。而激励方面则主要是针对监管机构，如官员晋升、薪酬提升等[2]。除了加强食品安全监管体系建设，充分发挥社会组织的作用[3,24]，以及贯彻消费者优先的原则是缓解我国食品安全问题的重要途径[25]。基于信息不对称的“主观败德型”食品安全问题的治理办法主要是提高食品安全标准以及加大监管力度。有意思的是，部分学者，如 Wen 等试图从企业内部员工激励的角度研究食品质量安全问题的缓解[26]。

（二）基于容量约束假设的食品安全与治理研究

食品安全生产法律法规的实施、生产质量标准和食品生产技术的提高、供应链管理的加强以及监管力度的加大是食品质量安全的重要保障，却无法从根本上杜绝食品质量安全事件的发生。一方面，并非所有的食品质量安全问题都是信息不对称下的企业败德行为所造成的；另一方面，食品安全问题有其相应的经济学规律。我们不缺严格的食品质量安全生产法律法规与质量标准，但食品质量安全事件在全球范围内一直持续发生，即使在欧美等发达国家也不例外。

在优质原料缺乏的情况下，再完善的法律监管体系也无济于事，即食品生产所需原料的稀缺性是食品质量安全问题的重要经济学根源。因此，近年来部分学者开始从容量约束出发研究企业的竞争行为，如价格竞争[27~28]和企业产出数量竞争[29~30]，而 Klein 等则重点研究容量约束对顾客选择和兼并等其他竞争行为的影响[31~32]。更重要的是，部分学者重点研究了容量约束对企业质量竞争，尤其是对食品行业质量竞争的影响，即从经济学根源研究食品生产质量和食品质量安全监管问题。如 Wang 等研究了奶源约束对我国牛奶质量的影响[33]。无独有偶，Dervillé 和 Allaire 研究了容量约束对牛奶供应质量和产量的影响，研究指出奶农应该通过扩容投资来提高牛奶供应质量和数量[34]。值得注意的是，少数学者的研究涉及了食品生产企业产出数量与质量之间的关系，如 Rouvière 分析了企业规模与食品行业竞争之间的关系，其研究结果显示中等规模更有利于食品企业安全生产，并且更能保障食品安全[35]。Parker 等同样关注了企业规模与食品质量安全风险之间的关系，他们的研究对中小企业食品质量安全风险更高的假设提出了质疑。这些研究结论也说明容量约束在食品安全问题中起着至关重要的作用[36]。此外，Orgut 研究了容量约束对捐赠食物的影响，认为容量约束对食品银行食品捐赠的分配策略和食品风险有非常重要的影响[37]。个别学者如 Keener 和 Varadaraj 的研究认为食品企业可以通过容量扩张来降低食品质量安全风险[38~39]。

（三）研究评述

现有关于食品行业质量安全规制的研究多数停留在法律、标准和道德层面，鲜有针对食品生产企业资源约束的根源性研究。道德与法律为食品企业生产设定一个不能逾越的框架和边界，但基于信息不对称视角的食品安全与监管研究无法解决所有的食品质量安全问题。全球范围内的食品质量安全监管法律体系和标准不断地升级和提高，但食品质量安全事故依然频发，这意味着我们必须从其他视角对食品质量安全规制问题进行更多的深入研究。而近期研究显示食品安全事件具有很强的经济发展关联性，且容量约束是造成食品质量安全的另一重要原因。

本文的创新之处在于为食品质量安全管理提供了新的分析框架和思路。第一，在食品质量安全成因分析方面，引入了容量约束性，同时考虑信息不对称、资源与技术约束对食品生产企业产品质量的影响，更全面系统地探讨了食品安全事件的成因。第二，在食品质量安全规制制度设计方面，引入了激励因素，结合惩罚与激励对食品安全治理制度框架进行拓展，以提高食品质量安全规制制度的针对性和效率性。

三　理论研究

（一）中国食品质量安全事件现状

近年来我国食品安全形势总体稳定向好，蔬菜、水果、茶叶、畜禽产品等主要食用农产品的抽检合格率超过 96%，加工食品的抽查合格率更是超过 98%[4]。监管力度持续加大，支撑保障能力稳步加强，监管体制不断完善，法律法规标准体系进一步健全，社会共治格局初步形成。

但根据食品安全事件全球演化迁徙的历史可知，今天的中国已然成为食品安全问题的中心。江南大学吴林海教授团队的统计数据显示，2008~2017 年，主流媒体报道的我国食品安全事件总数达到 40.8 万起，平均每天约有 112 起食品安全事件爆发[4]。同时，2007 年至今历年中央一号文件对食品安全问题都有重要论述，2016 年则更是将食品安全问题上升到国家战略层面。习近平总书记在十九大中旗帜鲜明地提出要“实施食品安全战略，让人们吃得放心”。伴随着事件高发的是食品安全监管的“高压”，我国在 2015 年对《食品安全法》进行了重新修订，形成“史上最严的食品安全监管体系”。学界的研究也同样是基于“人性本恶”论，将我国食品安全事件归为企业的“无德”与“无能”。其相应的研究目标则是如何提高食品安全的监管强度与加大惩罚力度，降低食品质量安全风险。

一方面，受监管对象的多、小、散和监管资源有限的限制，食品安全监管总显不足，且监管成本高。在监管对象方面，国家统计数据显示“十二五”末期全国获得许可证的食品生产企业 13.5 万家、流通企业 819 万家、餐饮服务企业 348 万家。在监管资源方面，我国食源性疾病监测网络哨点医院仅有 3883 家，食品污染物和有害因素监测点 2656 个，农产品质量安全风险评估实验室仅 100 家，监管资源严重不足。另一方面，基于监管强度提升和惩罚力度加大的监管体系的边际制度效率在不断降低，且存在效率极限。因而日趋严厉的监管与惩罚制度也没有使食品安全事件呈现明显的下降趋势，具体数据见图 1 和图 2。

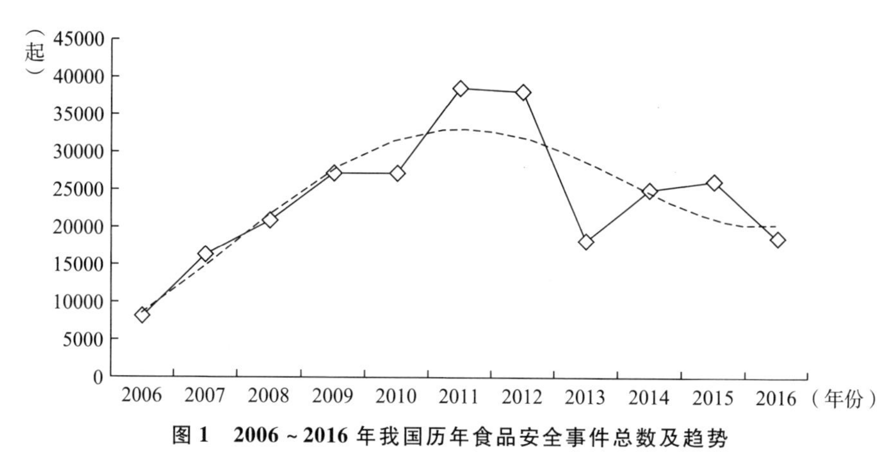

图1　2006～2016年我国历年食品安全事件总数及趋势

注：有菱形标记的实线为数量曲线，虚线为趋势线。

资料来源：李锐、吴林海、尹世久、陈秀娟等著《中国食品安全发展报告（2017）》，北京大学出版社。

图1显示我国食品安全事件在经历了近6年的高速增长期后逐渐趋于稳定，但稳定后的数量依然很高。此外，旭日干、庞国芳的研究显示中央电视台报道的重大食品安全事件也在逐年增加[40]。进一步分析可知我国食品安全事件数量呈下降趋势，增长速度逐渐降低，但降低速度逐渐放缓，且波动较大。趋势线进一步说明我国食品安全监管体系的制度边际效率在逐渐降低，且逐渐趋于某一极限。因此，若想进一步提高我国食品安全监管体系的制度效率，降低食品质量安全风险，必然需要引入新的监管思路和因素。

1. 食品质量安全事件成因分析

食品质量水平降低的外在动因——信息不对称。假如市场上有两类食品生产企业：一类提供高质量产品，其产品质量水平为 q_H，高质量产品比重为 τ；另一类提供低质量产品，不一定为不安全食品，其质量水平为 q_L，低质量产品比重为 $1-\tau$。在信息对称的情况下，市场会产生分离均衡，即高质量食品以高价格 p_H 销售，低质量食品以低价格 $p_L<p_H$ 销售。但在信息不对称的背景下，消费者无法区分产品质量，那么就只存在混合均衡，价格为 $p=\tau p_H+(1-\tau)p_L$。$p_L<p<p_H$，这将致使高质量产品不断减少，而低质量产品不断增多，该过程不断累积就会导致食品质量安全事件的发生。这就是大家所熟知的“柠檬市场理论”。

信息不对称是导致“企业无德型”食品安全事件发生的根源。质量的提升通常会通过两条路径影响企业的决策和市场需求：一是质量影响企业生产成本；二是质量影响企业价格。在信息对称的情况下，高质量通常意味着高成本与高价格，但在不完全信息情况下质量同价格与成本之间的关系可能会被破坏，致使企业产生以次充好的欺诈行为。假如价格无法反映食品质量水平，即食品生产企业面临以下决策系统：

$$p_i = a - \gamma x_j - x_i, \tag{1}$$

$$\pi_i = (a - \gamma x_j - x_i)x_i - \alpha x_i^2 - \beta q_i^2 - \rho x_i q_i, \quad \text{st. } q_i \geq \underline{q} \tag{2}$$

其中 p_i、x_i、q_i 和 π_i 分别代表企业 i 的市场价格、产品数量、质量和利润；a、α、β、γ 和 ρ 都为大于零的参数，其中 a 为市场规模，α 和 β 分别为产量相关和质量相关的成本参数，ρ 代表产量与数量对成本的交互影响参数，$\gamma \in [0, 1]$ 则代表不同企业产品的替代程度①；$q_i \geq \underline{q}$ 为质量规制政策。由式（2）可知：由于质量的提升无法提高企业产品价格，却提高了生产成本，因此当监管足够严厉的情况下，食品生产企业提供的食品质量水平为 $\underline{q}$；在监管不足的情况下，企业将提供低于 $\underline{q}$ 水平，甚至是质量水平为 0 的食品。

另一种情形，质量影响企业价格，但消费者无法获知企业成本信息，即企业面临以下决策系统：

$$p_i = a + \varphi q_0 - \gamma x_j - x_i, \tag{3}$$

$$\pi_i = (a + \varphi q_0 - \gamma x_j - x_i)x_i - \alpha x_i^2 - \beta(q_0 - q_i)^2 - \rho x_i(q_0 - q_i), \quad \text{st. } q_i \geq \underline{q} \tag{4}$$

其中 q_0 为企业宣传的质量水平，$q_i < q_0$ 为企业实际提供的质量水平，$\Delta q = q_0 - q_i$ 为企业质量鼓吹程度，φ 为价格的质量敏感系数，其他符号与上文相同。由式（4）可知：在信息不对称情况下，食品生产企业将不断提高 Δq，即鼓吹自身产品质量水平，在监督不足的情况下，甚至提供低于

① 本文重点在于进行基本的理论研究，受篇幅限制对于参数设置及其对系统均衡的影响不做过多解释与分析。

$\underline{q}$ 的食品。

食品质量水平下降的内在动因——产品特性与技术约束。技术约束是影响食品质量水平以及造成安全事件的重要因素，且给定技术水平，产品数量与质量之间存在天然的相互替代关系，而规模效应的作用又将导致企业选择用数量替代质量。假设消费者剩余函数 CS 是食品消费数量 x、质量 q 与价格 p 的函数：

$$CS = \int_0^x p(v,q)\,dv - xp(x,q) \tag{5}$$

$p_x<0$，$p_q>0$，即食品价格为数量的减函数、质量的增函数；$p_{xq}\neq 0$，即产品质量与数量对价格存在相互影响。垄断企业利润为收益 px 与成本 $c(x, q)$ 之差[1]：

$$\pi = p(x,q)x - c(x,q) \tag{6}$$

$c_x>0$，$c_{xx}<0$，$c_q>0$，$c_{qq}>0$，$c_{xq}>0$。由式（A3）可知：当 $MC_q(x, q) < AC_q(x, q)$ 时，$p_{xq}<0$，即当质量变化对边际成本的影响小于对平均成本的影响时，质量与数量之间存在替代效应（见图 3）[2]。该结论说明产品数量与质量之间存在固有的替代关系，在规模效应的作用下，企业通常选择用数量替代质量，当该现象累积到一定程度，必然导致食品质量安全事件发生。

证明：由式（6）对质量 q 可得：

$$\frac{\partial \pi(x,q)}{\partial q} = p_q(x,q)x - c_q(x,q) \tag{A1}$$

A1 对数量 x 求导可得：

---

① 以垄断市场为例仅是为了分析的便利，只要是不完全竞争市场，即企业因存在一定市场势力而对价格存在控制权，就能得到一致性结论。而现实中企业基本都存在一定市场势力，即都处于不完全竞争市场。

② 基于特定的消费者效用函数，如 $U=(x^{\alpha}+q^{2})^{\frac{1}{\alpha}}$，即固定弹性效用函数，同样可证明当平均质量满足 $\frac{q}{x}<\alpha\sqrt{\frac{\alpha-1}{\alpha}}$ 时，有 $p_{xq}<0$。因此无论是基于消费者效用最大化，还是企业利润最大化，都能得到类似的结论。

$$\frac{\partial \pi(x,q)}{\partial q \partial x} = p_{xq}(x,q)x + p_q(x,q) - c_{xq}(x,q) \qquad \text{A2}$$

均衡时有 $p_{xq}(x,q)x + p_q(x,q) - c_{xq}(x,q) = 0$，或 $p_{xq}(x,q)x = c_{xq}(x,q) - p_q(x,q)$，而 $c_{xq}(x,q) = MC_q(x,q)$，以及 $p_q(x,q)x - c_q(x,q) = 0$，即 $p_q(x,q) = \frac{1}{x}c_q(x,q) = AC_q(x,q)$。进而可得：

$$p_{xq}(x,q) = MC_q(x,q) - AC_q(x,q) \qquad \text{A3}$$

所以当 $MC_q(x,q) < AC_q(x,q)$ 时，$p_{xq}(x,q) < 0$，证明完毕。

进一步假定社会福利函数为消费者剩余与企业利润之和：

$$SW = \pi + CS = \int_0^x p(v,q)\,dv - xp(x,q) + \pi(x,q) \qquad (7)$$

由式（6）和式（7）可知：$\int_0^x p(v,q)\,dv/x > p_q(x,q)$，即基于利润最大化的食品生产企业通常提供低于社会最优的质量水平。该结论说明企业通常具有提供低于社会福利最大化一阶最优质量的动机，这种动机也容易导致食品质量安全事件的发生[①]。

证明：由式（7）可知

$$SW = \int_0^x p(v,q)\,dv - c(x,q) \qquad \text{A4}$$

A4 对 q 求导可得：

$$\frac{\partial SW}{\partial q} = \int_0^x p_q(v,q)\,dv - c_q(x,q). \qquad \text{A5}$$

若 x^* 和 x^{SW*} 分别为式（6）和式（7）所确定的均衡产量，由不完全竞争市场特性可知 $x^* < x^{SW*}$，不完全市场下的均衡产量小于社会福利最大化即完全竞争市场下的均衡产量。根据 $c_q > 0$ 和 $c_{xq} > 0$ 可知 $c_q(x^{SW*},q) > c_q(x^*,q)$，进而可得：

$\int_0^x p_q(v,q)\,dv/x > p_q(x,q)$，证明完毕。

---

① 在某些特殊情况下，企业也可能进行过度质量投资，即提供高于最优水平的质量，以便对潜在进入者或者竞争对手产生威慑。但在食品行业，该现象很少出现。

技术进步是提高食品质量水平、降低食品安全风险的重要途径，技术进步可以带来食品质量与数量关系跳跃式发展，却无法从根本上改变数量与质量之间的替代关系。如图 2 所示，纵坐标为食品质量 q，横坐标为食品数量 x，两者存在向右下方倾斜的负向关系。I_i 代表技术水平，技术进步会导致质量—数量关系曲线向右上方移动。假定 $\underline{q}^s$ 为安全食品所要求的最低质量，随着企业生产规模的不断扩大，技术水平 I_1 和 I_2 下存在食品安全事件风险，而技术水平 I_3 下则无食品质量安全事件风险。

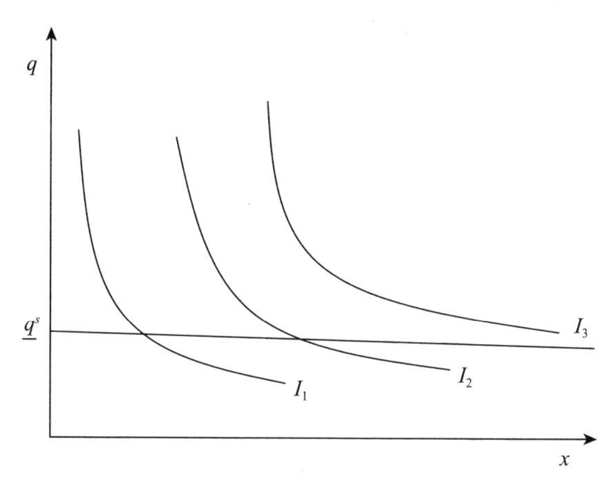

图 2　有技术进步的质量与数量关系曲线

上述分析过程说明，食品生产加工企业存在降低产品质量的内生因素与动力，这种动力必然导致食品质量安全风险的存在，且与道德水平无关，因而无法单纯通过加强监管与惩罚得到根治。

食品质量水平下降的内在动因——资源投入约束。资源投入约束通常是企业面临的常见约束，该约束同样影响企业的产出数量和质量决策。假设安全橙汁的质量为 100 单位，市场中有 100 个橙子，可生产 100 单位的橙汁。随着经济发展，市场对橙汁的需求提高到了 120 单位，但橙子数量依然是 100 个，如果企业要满足 120 单位的橙汁需求，必然要降低每单位橙汁的质量，甚至会通过寻找替代原料或材料添加的方式来掩盖质量水平的下降，该过程累积到一定程度就会导致全局食品质量安全事件的发生。或者部分消费者对橙汁的质量要求提高到 120 单位，但其他情况不变，那么剩下消费者所能得到的橙汁质量水平必然下降，该过程累积到一定程度则会造成局部食品安全事件的发生。

如上文，假定无约束企业的利润函数为 $\pi = p(x,q)x - c(x,q)$ ，即式（5），而面临资源投入约束的企业目标函数为：

$$\pi = p(x,q)x - c(x,q),$$
$$\text{s.t}\quad x + \theta q \leqslant R \tag{8}$$

其中 θ 为质量的资源敏感系数，R 为企业可获取资源的最大数量。假定 x^* 和 q^* 为式（5）所确定的均衡解，即无约束企业最优解，那么有 $x^* + \theta q^* \geqslant R$ ，否则约束无效。进一步假定 q^{c*} 为约束情况下的企业均衡质量，则有：$q^{c*} < q^*$ ，即面临资源约束的食品生产企业的均衡质量低于无约束企业的均衡水平。

证明：（8）式所确定的拉格朗日函数为：

$$L = p(x,q)x - c(x,q) + \lambda(R - x - \theta q) \tag{A6}$$

A6 对 q 求导可得：

$$\frac{\partial L}{\partial q} = p_q(x,q)x - c_q(x,q) - \lambda\theta \tag{A7}$$

若 q^* 和 q^{c*} 分别为 A1 和 A7 所确定的均衡解，结合 $\lambda > 0$ ，$A1 \geqslant 0$ 和 $A7 \geqslant 0$ 可知 A7 曲线在 A1 曲线左下方（见图 3），则有 $q^* > q^{c*}$ 。

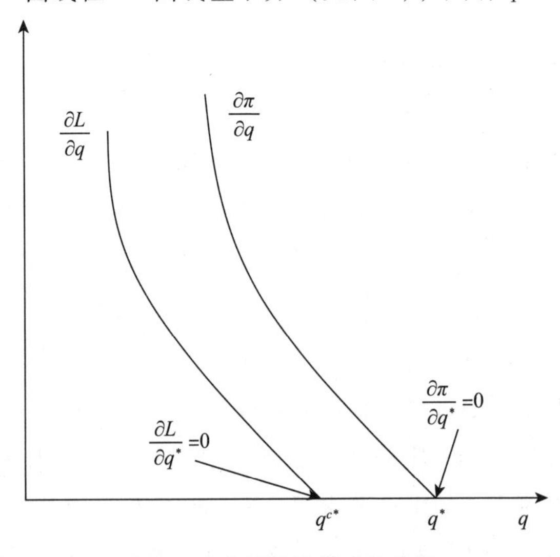

图 3　企业质量均衡对比分析

证明完毕。

进一步如图 4 所示，受规模经济影响，资源投入约束将使得质量与数量的关系曲线变得更为陡峭，即质量对数量变化的反应更敏感，那么相同产出水平之下，变化后的曲线所决定的质量水平更低（$q^{c*} < q^{*}$），这也提供了食品质量安全风险，在极端情况下，如果安全质量水平满足 $q^{c*} < \underline{q} < q^{*}$，那么资源约束必然导致食品质量安全事件的发生。

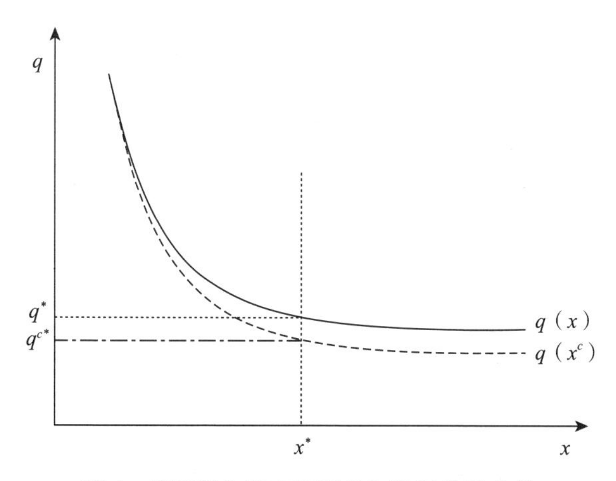

图 4　资源投入约束下质量与数量关系曲线

2. 食品质量安全规制制度设计

食品质量安全问题是一个较为复杂的问题，相应的食品安全监管是一个系统性问题。只有正确认识了食品安全事件的成因，才能更好地设计监管与规制体系。信息不对称性与资源、环境约束性是造成食品安全事件的两大重要原因，而且两者存在交叉影响，相应的食品质量安全事件可分为信息不对称下“主观败德型”食品安全事件和容量约束下的“客观无奈型”食品安全事件，且多数食品安全事件如 2008 年的牛奶业“三聚氰胺”事件，是两类因素共同作用的结果。针对不同成因的食品安全问题，需要设计具有不同侧重点的质量监管制度，对于“主观败德型”食品安全事件需要侧重监督与惩罚，而对“客观无奈型”食品安全事件则需要偏重激励与补贴。对症下药，才能事半功倍，逻辑关系具体如图 5 所示。

针对以上食品安全治理逻辑关系，应该设计如下治理框架（见图 6）。完整的治理体系必须包括外部监督与激励和内部的治理与激励。一方面，

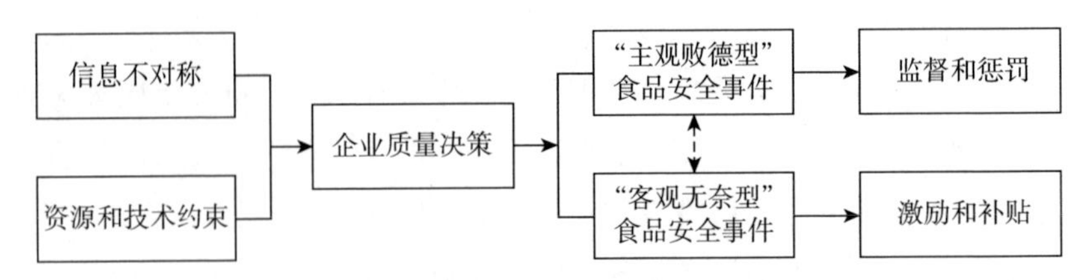

图 5　食品安全事件成因及其规制逻辑关系

通过提高标准、处罚、问责和完善法律体系来提高外部监督的强度与能力，同时实施相应的外部激励与支持，如给予食品生产企业一定的研发补贴以及高质量奖励，做到奖惩结合；另一方面，在食品生产企业内部同样存在质量提升的固有激励机制，如企业社会责任与使命感会自发激励企业提升食品质量，政府需要有针对性地进行激励。完整的食品安全治理体系必然是内外兼顾、奖惩结合、社会共治的①。

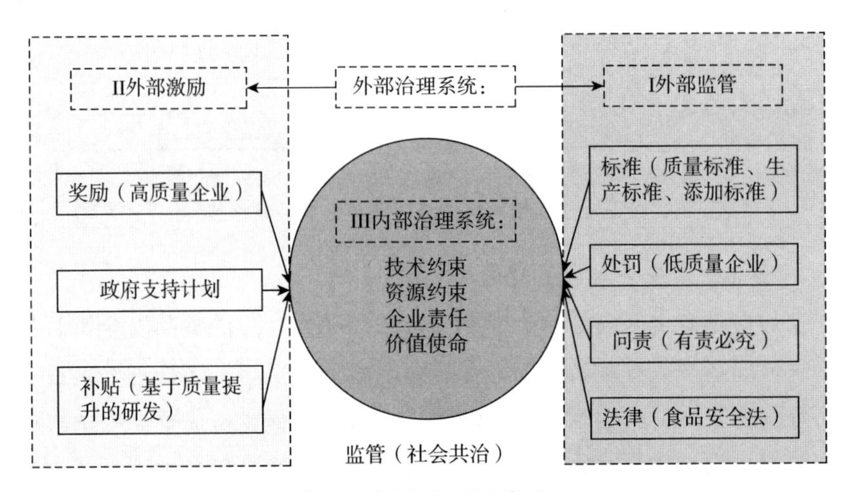

图 6　食品安全治理框架

然而，正向激励手段一直未受到足够的重视，基于企业无德，目前实施的更多的是监管与惩罚。一方面，监管与惩罚力度的加大并不能解决所有的食品安全问题，甚至有时可能造成事与愿违的结果；另一方面，制度的边际效率存在递减性，一味追求监管与惩罚力度的加大，其监管效果在逐渐降低，而成本却在不断提高。更重要的是，在一定条件下，可以证明

① 本文重点关注的是食品安全治理制度设计中的奖惩结合维度。

正向激励如奖励和补贴比负向激励如罚款具有更高的效率。假设现实中存在 n 家食品生产加工企业和 m 位监督人员，$m < n$。每位监管人员随机选择一家企业进行检查，那么企业提供不符合质量安全食品而不被发现的概率为 $\frac{n-m}{n}$。进一步假定企业违法而不被发现的收益为 π_h；违法被发现后将被没收所有收益，即收益变为0，且面临罚款 c；如果企业遵守质量规制，提供优质食品，其收益为 π_l，$\pi_l < \pi_h$，但政府会对高质量企业给予一定的奖励或技术补贴 s，因为提高产品质量的研发需要大量的成本。那么使食品生产企业选择提供高质量产品必须使得：

$$\frac{n-m}{n}\pi_h + \frac{m}{n}(0-c) < \pi_l + s \tag{9}$$

即规制制度有效必须满足：

$$\frac{m}{n} > \frac{\pi_h - (\pi_l + s)}{\pi_h + c} \tag{10}$$

由式（10）可知：奖励 s 比等额的惩罚 c 更容易使监管制度成功，即更容易使不等式（10）满足。

四 一个简单案例

2008 年的“三聚氰胺”事件早已尘埃落定，但深究事件的背后，还有其他重要因素需要进一步思考分析。通过对整个事件的回顾与分析，发现其实为信息不对称下企业“主观败德”行为和客观资源约束下企业“客观无奈”行为共同作用的结果，前者为主因，后者为辅因[41]。

（一）事件回顾

2008 年 9 月 1 日，卫生部新闻办公室发出了一份名为《三鹿牌婴儿配方奶粉受到污染，国务院相关部门正在开展经济调查》的文件，将“毒奶粉事件”正式引入了公众的视野。文件称：“近期，甘肃等地报告多起婴幼儿泌尿系统结石病例，调查发现患儿有食用三鹿牌婴幼儿配方奶粉的历史，经相关部门调查，高度怀疑石家庄三鹿集团股份有限公司生产的三鹿牌婴幼儿配方奶粉受到三聚氰胺污染。”后续针对全国 109 家婴幼儿配方奶粉生产企业的进一步专项检查结果显示：22 家企业 69 批次产品检出三聚氰胺。而且蒙牛、伊利、雅士利和圣元等国内知名品牌都有三聚氰胺添加行为，且添加量紧列三鹿之后[42]。大范围的群体性事件说明“毒奶粉事件”不仅是企业道德败坏之举，其他原因何在？

（二）背景分析

除信息不对称下的企业无德之外，优质原奶数量限制是造成“毒奶粉事件”的另一重要原因。尽管 2007 年我国奶牛存栏数已跃居世界前列，但 80% 都是散户牧养，全国 20 头规模以上奶牛饲养比例仅为 28.9%，而 5 头以上占比高达 76%，管理松散、产奶效率低。2007 年按奶牛存栏数 1470 万头、原奶产量 3684.18 万吨计算，我国奶牛年均单产仅为 2.5 吨，而欧美国家奶牛年均原奶产量为 8 ~ 9 吨，是我国奶牛原奶产量的 3 倍以上。我国奶类总产量和人均奶类占有量在 1999 ~ 2007 年处于快速上升阶段（见图 7），但奶制品数量依然无法满足急速增长的社会需求。

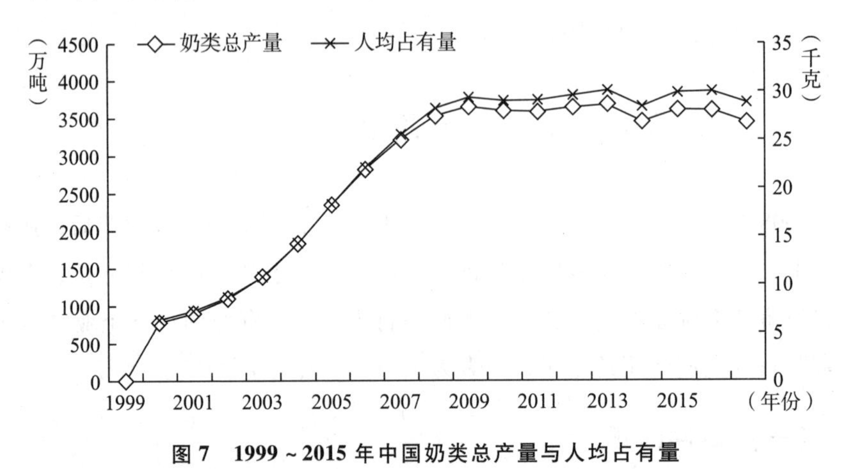

图 7　1999 ~ 2015 年中国奶类总产量与人均占有量

资料来源：《中国农村统计年鉴》。

数据显示，1999 ~ 2007 年我国城镇居民奶类消费量急剧增长，自 2008 年起我国居民奶类购买量显现下降趋势，直至 2013 年以后才重新增加，说明三聚氰胺事件给居民奶制品消费造成了显著影响。急剧增长的奶类需求导致我国原奶生产片面追求数量的增长而忽视奶源质量的提高，这为奶粉事件埋下了祸根[43]。

2001～2007年我国乳制品进口稳定在30万吨左右，受我国奶类产量快速增长的影响，2001～2007年我国乳制品进口量与我国奶类产量的比例不断下降，2008年以后该比例快速提升，2015年以后才有所放缓，再次验证了“三聚氰胺事件”的巨大影响。快速增长的社会需求与数量有限的奶牛数量还造成了另一个严重后果，即乳制品企业不得不降低原奶收购门槛，这同样为奶粉质量埋下了严重的安全隐患[43]。

（三）“三聚氰胺事件”分析

借助分散式供应链（Decentralized Supply Chain），即奶农—牛奶收购代理—公司模式，三鹿集团由最初的18家农户共30头牛和170头羊的小企业快速发展成为中国最大的奶粉生产企业[44～45]。该模式的显著特点是公司与农户签订合同，通过中间代理进行牛奶收购，其最大的优势是可以快速将众多小农户联合起来向公司供应奶源，从而实现规模的快速扩张，并且还可以很好地控制成本。三鹿集团也是河北省内首家与小农户签订供奶合同的企业。但这种模式最大的缺陷是提高了对信息不对称性和对奶源质量的控制难度，众多小农户分散式管理更是提高了原奶被污染的风险。虽然三鹿集团在牛奶收购合同中确定了相应的牛奶质量标准，但小户奶农很难做好质量控制。

企业规模的快速扩张带来了奶源的供应不足与牛奶收购中质量要求的降低和质量监控的缺失。此外，优质原奶的不足、社会对奶制品需求的快速增加及政府的价格规制带来了原奶价格的快速上涨。为了降低原奶收购成本和满足企业对原奶数量的需求，部分牛奶收购代理商选择在原奶中添加三聚氰胺。三鹿集团虽然早已发现了代理商在原奶中添加三聚氰胺，但为了满足快速增加的市场需求，并未及时对该行为进行制止，甚至是认可该行为，最终导致了2008年震惊世界的“三聚氰胺事件”的发生。

由上述分析可知，2008年我国“三聚氰胺事件”属于典型的以信息不对称下企业主观无德为主因，以资源投入约束下企业客观无能为诱因的食品安全事件。信息不对称与容量约束共同造成了“三聚氰胺事件”的发生，信息不对称与容量约束两者相互依赖，没有容量约束，即在优质原奶数量充足的情况下，信息不对称不必然导致该牛奶事件；同样，在信息对称的情况下，即使优质奶源不足，企业也缺乏进行非法添加而造成食品安全事件的机会。因此在食品质量安全规制制度的设计过程中，要充分考虑两类因素的存在性与共同影响。单纯以信息不对称下的企业败德为制度设计的起点，从而不断加大食品质量安全监管与惩罚力度，非但无法杜绝食品质量安全事件，而且过于严格的规制会引起众多被规制企业的倒逼，不利于食品生产加工行业健康发展[35]，这反过来又会影响食品质量安全。

五　研究结论

民以食为天、食以安为先、安以质为本。解决食品质量安全问题要以充分研究造成食品质量安全事件的原因为基础，才能做到有的放矢。任何事情的发生都不是单因素的结果，食品质量安全管理更是一个复杂的系统。食品质量安全事件的成因可归纳为两类：一是信息不对称性带来的企业主观败德；二是容量约束所造成的企业客观无能。而以 2008 年我国“三聚氰胺事件”为代表的众多食品安全事件实为两类因素共同作用的结果。受规模经济作用，资源投入约束迫使食品生产企业以牺牲产品质量为代价追求产品数量的扩张，而信息不对称性为该行为提供了足够的可能性。信息不对称下的企业败德行为是现阶段造成我国食品质量安全事件的显性因素，也是需要重点整治的关键因素，为此我们不断加大了食品质量安全的监管与惩罚力度。资源约束这种导致食品质量安全问题的隐性因素同样不可忽视，未来在食品质量安全管理过程中应逐渐加大对该因素的治理力度。

本文的政策含义在于：在食品质量安全规制制度设计过程中要同时考虑信息不对称性和资源约束性的共同影响，结合惩罚与奖励因素进行更为系统的制度设计。首先，针对信息不对称下的企业败德行为，一方面通过食品生产企业诚信制度建设，激励企业主动提供食品质量信息，另一方面通过加大监管与惩罚力度，提高企业违法的成本，削弱企业降低产品质量的意愿。其次，针对我国食品生产企业多、小、散的现状，鼓励食品生产企业园区化与集聚化发展，即政府通过设立食品生产加工园区，要求企业进入园区，对其进行统一管理与监督，以提高监管的效率和降低监管的难度与成本。同时园区化发展也有利于企业横、纵向分工的深化，从而提高食品生产加工效率。最后，针对企业面临的资源和技术约束问题，政府一方面应鼓励企业加大投入，以提高优质原料的可获得性，另一方面对企业给予一定的技术研发支持与补贴，鼓励技术创新，提高其资源使用效率，从而提高食品质量水平。

本文的不足主要体现在研究更多地停留于理论分析层面，仅以“三聚氰胺事件”对理论分析框架进行了经验验证，使得研究缺乏足够的现实支持与数据支撑。随着我国食品安全监管体系的不断完善和社会公共治理水平的不断提高，“主观败德型”食品安全事件将会逐渐减少，未来食品安全事件更多的将是资源与技术约束等客观因素导致的。因此，未来应该针对容量约束性对食品质量安全管理的影响进行更多的研究，并进一步分析信息不对称与容量约束对食品质量水平的作用机制。

参考文献

[1] 刘焯：《论食品安全管理法治化》，《法学》2012 年第 8 期。

[2] 周应恒、王二朋：《中国食品安全监管：一个总体框架》，《改革》2013 年第 4 期。

[3] 吴林海、裘光倩、李艳云：《发挥社会组织作用实施食品安全战略》，《中国社会科学报》2016 年第 7 版。

[4] 尹世久、吴林海、李锐、陈秀娟：《中国食品安全发展报告（2018）》，北京大学出版社，2018。

[5] Xue, J. H., Zhang, W. J., "Understanding China's Food Safety Problem: An Analysis of 2387 Incidents of Acute Foodborne Illness", *Food Control*, 2013, 30, 311 - 317.

[6] Chen, Y. H., He, Q. Y., Paudel, K. P., "Quality Competition and Reputation of Restaurants the Effects of Capacity Constraints", *Economic Research-Ekonomska Istrazivanja*, 2018, 31 (1): 102 - 118.

[7] Chen, Y. H., Huang, S. J., Mishra, A. K., Wang, X. H., "Effects of Input Capacity Constraints on Food Quality and Regulation Mechanism Design for Food Safety Management", *Ecological Modelling*, 2018, 385: 89 - 95.

[8] 罗兰、安玉发、古川、李阳：《我国食品安全风险来源与监管策略研究》，《食品

科学技术学报》2013 年第 2 期。

[9] 吴林海、刘平平、陈秀娟：《消费者可追溯猪肉购买决策行为中的诱饵效应研究》，《中国食品安全治理评论》2018 年第 1 期。

[10] 李清光、吴林海、王晓莉：《中国食品安全事件研究进展》，《食品工业》2016 年第 11 期。

[11] 吴林海、尹世久、陈秀娟、浦徐进、王建华：《从农田到餐桌，如何保证“舌尖上的安全”——我国食品安全风险治理及形势分析》，《中国食品安全治理评论》2018 年第 1 期。

[12] Lu, Y. L., Song, S., Wang, R. S. et al., “Impacts of Soil and Water Pollution on Food Safety and Health Risks in China”, *Environment International*, 2015, 77, 5 – 15.

[13] Zhang, X. Y., Zhong, T. Y., Liu, L. and Ouyang, X. Y., “Impact of Soil Heavy Metal Pollution on Food Safety in China”, *Plos One*, 2015, 10 (8), doi: 10.1371/journal.pone.0135182.

[14] 李清光、李永强、牛亮云、吴林海、洪巍：《中国食品安全事件空间分布特点与变化趋势》，《经济地理》2016 年第 3 期。

[15] Sperling, D., “Food Law, Ethics, and Food Safety Regulation: Roles, Justifications, and Expected Limits”, *Journal of Agricultural and Environmental Ethics*, 2010, 23 (3), 267 – 278.

[16] 谢康、赖金天、肖静华、乌家培：《食品安全、监管有界性与制度安排》，《经济研究》2016 年第 4 期。

[17] 周开国、杨海生、伍颖华：《食品安全监督机制研究——媒体、资本市场与政府协同治理》，《经济研究》2016 年第 9 期。

[18] 龚强、张一林、余建宇：《激励、信息与食品安全规制》，《经济研究》2013 年第 3 期。

[19] 麻丽平、霍学喜：《论食品安全生产过程中的自律与他律》，《华南农业大学学报》（社会科学版）2016 年第 1 期。

[20] 谢康、肖静华、杨楠堃、刘亚平：《社会震慑信号与价值重构——食品安全社会共治的制度分析》，《经济学动态》2015 年第 10 期。

[21] 张圣兵：《企业承担社会责任的性质和原因》，《经济学家》2013 年第 3 期。

[22] 吴元元：《信息基础、声誉机制与执法优化——食品安全治理的新视野》，《中国社会科学》2012 年第 6 期。

[23] 文晓巍、温思美：《食品安全信用档案的构建与完善》，《管理世界》2012 年第 7 期。

[24] 李艳云、吴林海、浦徐进、林闽刚:《影响食品行业社会组织参与食品安全风险治理能力的主要因素研究》,《中国人口·资源与环境》2016 年第 8 期。

[25] 周应恒、马仁磊:《我国食品安全监管体制机制设计: 贯彻消费者优先原则》,《中国卫生政策研究》2014 年第 5 期。

[26] Wen, X. W., Gu, L. T. and Wen, S. M., "Job Satisfaction and Job Engagement: Empirical Evidence from Food Safety Regulators in Guangdong, China", *Journal of Cleaner Production*, 2018, 208, 999 - 108.

[27] Deng, J., Yano, C. A., "Joint Production and Pricing Decisions with Setup Costs and Capacity Constraints", *Management Science*, 2014, 52 (5), 741 - 756.

[28] Esó, P., Nocke, V. and White, L., "Competition for Scarce Resources", *RAND Journal of Economics*, 2010, 41 (3), 524 - 548.

[29] Chen, Y. H., Wen, X. W., Wang, B., and Nie, P. Y., "Agricultural Pollution and Regulation How to Subsidize Agriculture?" *Journal of Cleaner Production*, 2017, 164: 258 - 264.

[30] Nie, P. Y. and Chen, Y. H., "Duopoly Competition with Capacity Constrained Input", *Economic Modeling*, 2012, 29 (5), 1715 - 1721.

[31] Klein, J., Kolb, J., "Maximizing Customer Equity Subject to Capacity Constraints", 2015, *Omega*, 55, 111 - 125.

[32] Froeb, L., Tschantz, S. and Crooke, P., "Bertrand Competition with Capacity Constraints: Mergers Among Parking Lots", *Journal of Econometrics*, 2003, 113 (1), 49 - 67.

[33] Wang, C., Chen, Y. H., He, X. G., "Quality regulation and Competition in China's Milk Industry", *Custos E Agronegocio on Line*, 2015, 11 (1), 128 - 141.

[34] Dervillé, M., and Allaire, G., "Change of Competition Regime and Regional Innovative Capacities: Evidence from Dairy Restructuring in France", 2014, *Food Policy*, 49: 347 - 360.

[35] Rouvière, E., "Small is Beautiful: Firm Size, Prevention and Food Safety", *Food Policy*, 2016, 63: 12 - 22.

[36] Parker, J. S., DeNiro, J., Ivey, M. L., and Doohan, D. "Are Small and Medium Scale Produce Farms Inherent Food Safety Risks?" *Journal of Rural Studies*, 2016, 44: 250 - 260.

[37] Orgut, I. S., "Modeling for the Equitable and Effective Distribution of Donated Food Under Capacity Constraints", *IIE Transactions*, 2015, 48 (3), 252 - 266.

[38] Keener, L., "Capacity Building: Harmonization and Achieving Food Safety", *Ensuring Global Food Safety*, 2010, Chapter 8, 139 - 149.

[39] Varadaraj, K. C., "Capacity Building: Building Analytical Capacity for Microbial Food Safety", *Ensuring Global Food Safety*, 2010, Chapter 9, 151 - 176.

[40] 旭日干、庞国芳：《中国食品安全现状、问题及对策战略研究》，科学出版社，2015。

[41] 陈有华：《论食品质量安全监管中的"疏"与"堵"》，《中国食品安全报》，2018，A2 版。

[42] 柯志雄：《中国奶殇 中国奶业深度调查报告》，山西经济出版社，2009。

[43] 张利庠、孔祥智：《2008 中国奶业发展报告》，中国经济出版社，2009。

[44] Hu, D., "China: Dairy Product Quality as the New Industry Driver, Small Holder Dairy Development: Lessons learned in Asia. Animal Production and Health Commission for Asia and the Pacific", Food and Agriculture Organization of the United Nations, 2009, Bangkok: 22 - 43.

[45] Chen, C., Zhang, J., Delaurentis, T., "Quality Control in Food Supply Chain Management: An Analytical Model and Case Study of the Adulterated Milk Incident in China", *International Journal of Production Economics*, 2014, 152: 188 - 199.

食品安全消费可追溯体系

消费者对可追溯猪肉信息属性的需求研究*

侯　博　侯　晶**

摘　要：研究消费者对具有事前质量保证与事后追溯功能的可追溯信息属性相对完整的可追溯食品的消费需求，对调整可追溯食品的生产与供应结构、促进可追溯市场发展具有重要价值。本文设置了包括猪肉品质检测、质量管理体系认证、供应链追溯以及“供应链追溯+内部追溯”四个信息属性的不同属性组合的可追溯猪肉轮廓，以中国江苏省无锡市604位消费者为样本，基于BDM拍卖实验和菜单选择实验相结合的序列估计法，在研究不同层次安全信息的可追溯猪肉消费偏好的基础上，引入随机首选法估计相应轮廓的可追溯猪肉的市场份额。研究结果表明，消费者愿意为具有信息属性的可追溯猪肉支付溢价，其中猪肉品质检测属性是消费者最偏好的安全信息属性。而且在菜单选择实验法下，消费者多数不会选择属性的组合。市场模拟的结果还发现若把不同信息属性的可追溯猪肉类型全部投放到市场中，其共同组成的市场份额将远超普通猪肉。据此，本文提出了中国可追溯猪肉市场体系发展的基本路径。

关键词：可追溯猪肉　BDM拍卖实验方法　菜单选择实验方法　支付意愿

---

* 本文是国家社会科学基金青年项目“基于社会共治视角的可追溯食品消费政策研究”（编号：17CGL044）阶段性研究成果。

** 侯博，博士，江苏师范大学哲学与公共管理学院讲师，主要从事食品安全与农业经济管理方面的研究；侯晶，博士，江苏师范大学商学院教师，主要从事食品安全、农产品供应链与农业产业方面的研究。

一　引言

中国是猪肉生产和消费大国。2018 年中国的猪肉产量达 5404.0 万吨，约占世界猪肉产量的 50.0%，已连续 30 年稳居世界猪肉产量的第一位。猪肉也是中国消费者肉类消费的主要品种，中国目前猪肉消费量约为世界其他国家平均水平的 4.6 倍①。但是近年来猪肉质量安全事件在中国不断爆发，猪肉已成为中国最具风险的食品之一[1]。特别是 2018 年 8 月初在中国沈阳爆发的非洲猪瘟事件备受公众关注，生猪感染非洲猪瘟后的致死率近 100%。非洲猪瘟在中国虽为首次发现，但短期内疫情蔓延至全国 28 个省份，其中东北三省、黄淮海地区、豫北（西）等地影响严重，引发全国消费者的恐慌。2019 年 2 月知名品牌三全食品生产的灌汤水饺被报道检出非洲猪瘟病毒核酸阳性。此后，科迪、金锣等厂家的 40 批次产品样品又被报道检出非洲猪瘟病毒核酸阳性。“三全非洲猪瘟事件”“黄浦江死猪事件”“7 省销售病死猪事件”等一系列重大违法违规事件严重危害了公众健康，再次说明建设猪肉可追溯体系具有极端重要性。

事实上，中国自 2000 年起就开始推进猪肉可追溯体系建设。2008 年 9 月震惊中外的“三鹿奶粉”重大食品安全事件爆发后，商务部、财政部加速建设国内安全食品市场体系，已分 5 批在全国范围内选择 58 个肉类制品可追溯体系建设的试点城市。2015 年 10 月中国实施新的《食品安全法》，进一步明确建立食品可追溯制度，为食品可追溯体系的建设提供了法律保障。然而遗憾的是，十多年来的实践证明，中国可追溯猪肉市场在总体上并未有实质性的发展[2]，更未从根本上遏制猪肉质量安全事件的发生。

从本质上看，可追溯猪肉市场能否可持续发展内在地取决于消费者的需求。与普通食品相比较，可追溯食品是由可追溯性、透明性和质量保证属性所组成[3]。建设猪肉可追溯体系的关键是向消费者提供全程透明的安

---

① 参见美国农业部的统计数据 http://apps.fas.usda.gov/psdonline/。

全信息属性，以便消费者识别猪肉安全风险。虽然安全信息涵盖得越多越有助于消费者识别猪肉安全风险，然而，随着安全信息在全程供应链深度与广度上的拓展，可追溯猪肉的生产成本与市场价格必然高于普通猪肉[4]，可能超出了普通消费者的购买能力，消费者需要在猪肉安全风险防范与价格之间做出权衡。因此本文以可追溯猪肉为案例，基于实验拍卖法和菜单选择实验相结合的序列估计方法，在分析消费者对不同属性组合的可追溯猪肉的消费偏好基础上，通过对不同属性和层次可追溯猪肉的市场份额的模拟，探讨发展中国可追溯猪肉市场体系的基本路径。

二　实验设计与描述性分析

（一）实验标的物

前文已述，中国是猪肉生产与消费大国，但猪肉也是中国发生食品安全事件最多的食品之一，故本文以可追溯猪肉为案例将具有典型性和代表性。特别是考虑到消费者对可追溯猪肉不同部位的偏好可能存在差异，为排除非本质性因素的干扰，本文选取猪后腿肉为案例展开具体研究。

（二）实验属性的设定

基于中国实际，本文对可追溯猪肉设置猪肉品质检测、质量管理体系认证、供应链追溯以及“供应链追溯 + 内部追溯”四个信息属性，设置依据如下。

猪肉可追溯体系的追溯功能主要是在安全事件发生后便于召回问题猪肉，确定问题源和责任方，这是目前包括中国在内的大多数国家实施食品可追溯体系的主要目的。应瑞瑶等认为追溯有效性取决于可追溯猪肉信息属性的设置是否完整地覆盖猪肉供应链体系中的关键风险点[5]。目前中国猪肉的主要安全风险存在于供应链全程体系的养殖、屠宰、运输与销售等所有环节中，仅包含某个环节可追溯信息的可追溯体系无法实现事后追溯的功能[2,6]。此外，Moe 基于食品链中信息回溯活动的特征，将可追溯性划分为供应链追溯以及内部追溯。供应链追溯的实质也就是通常所说的食品供应链上的节点管理（Link Management）；内部追溯是指对供应链的其中一个环节来说，从食品的输入到输出的内部生产历史的溯源过程[7]。因此，本研究基于全程猪肉供应链的风险环节及其信息回溯活动的特征，设置供应链追溯和“供应链追溯 + 内部追溯”作为可追溯猪肉追溯功能的两个属性。

研究表明，如果把动物福利、产地认证、质量检测、环境影响、安全保证等信息属性按照某种组合纳入食品可追溯体系，并以标签的形式将食品信任属性转变为消费者易于辨别的搜寻属性[8]，可追溯食品就具有事前质量保证功能[9,10]。由于我国日常的猪肉检验检疫措施并不强制要求对猪肉的理化指标和微生物指标进行检测，所以本研究设置猪肉品质检测属性，并通过加贴由第三方机构颁发的合格标签，为消费者提供猪肉中水分、农药、瘦肉精与抗生素等残留，大肠杆菌数等理化与微生物指标等安全质量信息。在质量保证措施中，除了对产品进行检验检疫外，企业加贴由第三方机构颁发的“质量管理体系认证”标识被视为质量管理体系认证属性。设置了质量管理体系认证属性也是向消费者提供本企业对猪肉质量的保证措施与生产过程的控制能力[3,11]。

（三）序列估计方法

1. *序列估计方法第一步：BDM 拍卖实验*

由于目前中国市场尚不存在本文所假设的不同层次的安全信息属性的可追溯猪肉，为设定可追溯猪肉不同层次的安全信息属性的价格层次，本文采用 BDM 拍卖实验展开不同层次可追溯猪肉安全信息展开支付意愿（WTP）测度。BDM 拍卖地点选择在中国江苏省无锡市，实验采用一对一的方式，共获得样本 259 份，拍卖结果见表 1。

表 1　消费者对不同类型信息属性的最大支付溢价

单位：元/斤

属性	最大值	最小值	平均值	标准差
供应链追溯	10.0	0.0	2.9	1.6
供应链追溯 + 内部追溯	10.0	0.0	3.4	1.8

续表

属性	最大值	最小值	平均值	标准差
猪肉品质检测	11.0	0.0	3.9	2.1
质量管理体系认证	9.0	0.0	3.2	1.9

为了研究多重属性间的交互作用，以及受成本驱动价格产生变动时消费者的反应，本文需要对属性的价格进行层次区分以探索消费者的价格敏感性。通常菜单法将价格水平设置为五个层次[12]，所以依据 BDM 机制实验结果，对四个类型的猪肉分别设置五个价格层次，以平均值（保留一位小数）为中间价，上下浮动 0.5 个和 1 个标准差（保留一位小数）作为价格设定的依据（见表 2）。

表 2　可追溯猪肉信息属性及价格层次（所有价格均为元/斤）

	供应链追溯属性	"供应链追溯 + 内部追溯" 属性	猪肉品质检测属性	质量管理体系认证属性
价格层次 1	Price1 = 1.3	Price1 = 1.6	Price1 = 1.8	Price1 = 1.3
价格层次 2	Price2 = 2.1	Price2 = 2.5	Price2 = 2.9	Price2 = 2.3
价格层次 3	Price3 = 2.9	Price3 = 3.4	Price3 = 3.9	Price3 = 3.2
价格层次 4	Price4 = 3.7	Price4 = 4.3	Price4 = 5.0	Price4 = 4.2
价格层次 5	Price5 = 4.5	Price5 = 5.2	Price5 = 6.0	Price5 = 5.1

2. 序列估计方法第二步：菜单选择实验

菜单法模拟了现实中的市场购物情景，基于菜单列表的形式向消费者展现商品的不同属性，然后消费者根据自己的偏好选择产品属性构建新的产品轮廓。这种定制化的调查方式再现了消费者每天购物和选择的情形，因而对受访者来说非常具有吸引力。本研究有四个属性，每个属性五个价格水平，为满足数据分析的有效性和可行性原则，菜单法实验任务的设计采用了部分析因设计（Fractional Factorial Design）方法。

本文应用 Sawtooth MBC1.0.10 软件，基于 "Balanced Overlap" 随机任务数方法生成设计效率最高的 10 个不同版本的问卷，每个问卷含有 10 个菜单任务，总菜单数满足最低任务数和受访者实验效率保证的要求。最终的菜单选择实验设计样例可见图 1。由于中国不同地区的猪肉价格与消费者支付愿意均存在差异，为了保证一致性，菜单法的实验城市仍选在江苏

菜单法任务1

当前的猪肉价格为14元/斤，为了猪肉的质量安全，您还需要增加以下哪些安全措施？

☑	供应链追溯	额外支付2.5元/斤
☐	供应链追溯+内部追溯	额外支付4.5元/斤
☑	猪肉品质检测	额外支付5.0元/斤
☐	质量管理体系认证	额外支付2.5元/斤
总价:		

☐ 以上额外安全措施，我均不需要

图 1　基于菜单的选择实验设计样例

省无锡市。本次实验共发放问卷 350 份，有效问卷 345 份。

（四）统计性描述分析

1. 实验参与者的基本统计特征

本实验的女性参与者有 174 位，占参与者样本总量的 50.4%，男女性别之比为 0.98，这与无锡市统计局人口普查基本情况数据相符①，说明样本具有一定的代表性。49.3% 的参与者的年龄在 26 ~ 40 岁，共 170 位。143 位参与者的受教育程度为大专或本科层次，占参与者样本总量的 40.3%。参与者的家庭人口数以 3 人居多，占样本总人口数的比例为 44.9%。家庭月收入在 7000 ~ 13000 元区间的参与者构成了样本的主体，共 205 位参与者，占样本比例的 59.4%。此外，已婚的参与者占参与者样本量的 66.7%，且 42.9% 的家中有 12 岁以下的孩子。

2. 菜单法中各属性的选择统计

表 3 的计数分析表明，猪肉品质检测属性被选择的频率最大，为 31.5%，其次是质量管理体系认证、“供应链追溯 + 内部追溯”、供应链追溯三个属性，被选择的频率分别为 27.0%、26.4% 以及 12.7%。值得注意的是，在 MBC 的计数分析中，虽然猪肉品质检测属性的平均价格最高，但仍然具有最高的选择频率，表明相比于价格这一属性，参与者更偏好猪肉

① 据《无锡统计年鉴 2015》：2014 年无锡男性占 49.5%，女性占 50.5%。

品质检测属性。

表 3　菜单法下各属性被选择频次及频率统计

属性	选择与否	选择频次（次）	选择频率（%）
供应链追溯	是	438	12.7
	否	3012	87.3
供应链追溯 + 内部追溯	是	909	26.4
	否	2541	73.6
猪肉品质检测	是	1086	31.5
	否	2364	68.5
质量管理体系认证	是	931	27.0
	否	2519	73.0

3. 各属性轮廓选择的统计性分析

本研究构建了 100 个菜单选择场景（10 个版本 ×10 个任务），共有 345 个实验参与者在这 100 个场景中进行菜单选择，每个场景下消费者都可以选择“所有额外属性都不选择”项，即只购买普通猪肉，表 4 报告了本研究中所有可能选择的属性框架组合及其选择频率。

表 4　实验参与者对 12 种猪肉轮廓的选择频率

轮廓序号	供应链追溯属性	“供应链追溯 + 内部追溯”属性	猪肉品质检测属性	质量管理体系认证属性	选择频率（%）
轮廓 1	√				10.03
轮廓 2		√			17.25
轮廓 3			√		20.46
轮廓 4				√	16.41
轮廓 5	√		√		1.36
轮廓 6	√			√	1.16
轮廓 7		√	√		4.03
轮廓 8		√		√	3.80
轮廓 9			√	√	4.20
轮廓 10	√		√	√	0.14
轮廓 11		√	√	√	1.28
轮廓 12					19.88

结果显示，参与者选择最多的是“猪肉品质检测”属性，在所有可能的选择组合中占 20.5%，参与者选择第二多的属性组合是所有额外属性都不选择（只购买普通猪肉），占 19.9%，排在第三、第四、第五位的属性分别是“供应链追溯 + 内部追溯”属性、“质量管理体系认证”属性和“供应链追溯”属性，分别占总选择组合数的 17.3%、16.4%、10.0%。总的来说，同时选择两个或两个以上属性组合的频率较低，在所有可能的选择组合中占 15.9%。从表 4 可看出，在 MBC 框架下，消费者多数不会选择属性的组合。相比而言，在选择实验框架下，消费者更有可能被动选择多属性组合。为使可追溯猪肉获得更大的市场份额，个性化定制可追溯信息属性是一个较优的选择。

三　模型估计

（一）理论框架和模型选择

本文研究的可追溯猪肉类型来自“猪肉品质检测”属性、“质量管理体系认证”属性、“供应链追溯”属性、“供应链追溯 + 内部追溯”属性这四个属性不同形式的组合。基于 McFadden 提出的随机效用框架[13]，本文认为消费者的行为是理性的，消费者将在其预算约束下选择可追溯猪肉的信息属性，组合成自身偏好的猪肉轮廓以获得最大效用。因效用是随机的，更准确的表达是，选择概率最大的猪肉轮廓是因消费者可获得最大效用。

相关研究通常以可追溯猪肉信息属性所构成的猪肉轮廓作为建立效用函数的依据。由于存在多个猪肉轮廓，所以多元 Logit 模型成为主流估计工具。MBC 基于随机效用理论框架，假定消费者 n 在 C 选择集中进行选择使自己效用最大化。依据 Luce 不相关独立选择（Independence from Irrelevant Alternatives，IIA）的假设[14]：

令 U_{nit} 为消费者 n 在 t 情景中从菜单选择集 C（离散选择集）中选择第 i 轮廓信息属性的直接效用。包括两个部分[15]：第一是确定部分 V_{nit}；第二是不可观测的随机项 ε_{nit}，即：

$$U_{nit} = V_{nit} + \varepsilon_{nit} \tag{1}$$

$$V_{nit} = \beta_i X_{nit} \tag{2}$$

V_{nit}是效用函数的系统部分，是可测效用，由第 i 类型信息属性所决定；β_i 为消费者 i 的分值（Part Worth）向量；X_{nit}为第 i 类型可追溯猪肉信息轮廓的属性向量。如果 $U_{nit} > U_{njt}$，$\forall j \neq i$，消费者 n 将会在情景 t 中选择包含在选项卡 C 中第 i 轮廓的猪肉。因此消费者 n 选择第 i 轮廓猪肉的概率为：

$$\begin{aligned} P_{nit} &= \text{Prob}(V_{nit} + \varepsilon_{nit} > V_{njt} + \varepsilon_{njt}; \forall j \in C, \forall j \neq i) \\ &= \text{Prob}(\varepsilon_{njt} < V_{nit} - V_{njt} + \varepsilon_{nit}; \forall j \in C, \forall j \neq i) \end{aligned} \tag{3}$$

MBC 的随机项被证明相互独立且均服从类型 I 的极值分布，即：

$$F(\varepsilon_{nit}) = \exp[-\exp(-\varepsilon_{nit})] \tag{4}$$

其概率分布函数为：

$$f(\varepsilon_{nit}) = \exp(-\varepsilon_{nit})\exp[-\exp(-\varepsilon_{nit})] = \exp(-\varepsilon_{nit})F(\varepsilon_{nit}) \tag{5}$$

进一步地，令 Y_{nit}为消费者 n 在 t 情景中从菜单选择集 C（离散选择集）中选择了第 i 个可追溯猪肉属性轮廓，即 $Y'_{nit} = (Y_{n1t}, Y_{n2t}, \cdots, Y_{nit})$。

在本研究的实验机制下，每个消费者需要完成 10 次选择任务，每个任务情形共有 10 个类型的可追溯猪肉属性轮廓可供消费者选择。假设消费者偏好在短时期内是稳定的，则消费者选择第 i 个可追溯猪肉属性轮廓 Y_{nit}的条件概率为：

$$P(Y_{nit} \mid X_{nit}, \beta_{nit}) = \prod_{t=1}^{10} \frac{\exp(\beta_{nit}' X_{nijt})}{\sum_{j=1}^{12} \exp(\beta_{nit}' X_{nijt})} \tag{6}$$

无条件选择概率是上述式（6）有关全部 β 值的积分，表现形式为非线性，具体公式如下：

$$P(Y_{nit} \mid X_{nit}) = \int P(Y_{nit} \mid X_{nit}, \beta) f(\beta) \mathrm{d}\beta \tag{7}$$

非线性估计的常用方法有最大似然估计法和贝叶斯估计方法，然而需要注意的是，最大似然估计法只能用于估算固定参数 Logit 模型，不仅模型在迭代过程中的收敛结果会受到参数初始值的影响，而且估计结果是全局最优还是局部最优难以判断[16]。由于贝叶斯估计能够基于个体样本估计出消费者的偏好特征，且推断的过程无须解出全局最优还是局部最优，估计结果的准确性和有效性均比最大似然估计法更优[16]。为规避最大似然估计法的相关缺陷，本文采用分层贝叶斯（Hierarchical Bayesian，HB）方法进行模型估计。

令 a_i 表示满足随机效应分布的属性 i 的分值效用值向量，期望为协变量 ω_i 的函数，即：

$$a_i = \Gamma\omega_i + \varepsilon_i$$
$$\varepsilon_i \tilde{} MVN(0, V_a) \qquad (8)$$

其中 Γ 是回归系数矩阵。若无协变量则 $\Gamma = 0$，此时 $a_i \tilde{} MVN(0, V_a)$。本文假设 $(V_a)^{-1} \sim W(v_0, V_0)$ 分布，基于贝叶斯法则，a_i 的后验分布为：

$$h(a_i | Y_i, \bar{a}, V_\beta) \propto P(Y_i | X_i, a_i)\pi(a_i) \qquad (9)$$

其中，$\pi(a_i)$ 为 a_i 的先验分布。

分层贝叶斯估计的形式可以表示为：

$$Y | X, a$$
$$a | \omega, \Gamma, V_a$$
$$\Gamma | \delta, A$$
$$V_a | v_0, V_0 \qquad (10)$$

其中，公式（12）和公式（13）为先验分布的超参数形式。上述分层贝叶斯估计的马尔可夫链（Markov Chain）的迭代过程可描述为：首先在每一个情境任务中对于每一个个体样本，在给定的因变量 Y 和自变量 X 之后抽取 a，这个抽取过程覆盖所有样本的所有情境任务；其次，给定个体层次的 a 与 V_a，抽取 Γ；再次，给定 a 与 Γ，抽取 V_a；最后，一直重复这三个步骤直至迭代完成。

（二）模型结果分析

本研究选择虚拟代码对实验数据进行编码，首先基于分层贝叶斯方法进行模型估计获得个体样本效用值，为市场份额估计提供基础数据；其次构建市场方案，基于分层贝叶斯模型估计结果，采用随机首选法（Randomized First Choice Method，RFCM）对每种市场方案下各类型猪肉的市场份额进行估计。

1. HB 模型估计

Orem 认为分层贝叶斯估计的初始迭代次数不少于 20000，每次迭代都会使得每个个体样本产生一个效用集，其还发现当个体效用集的烧录图不少于 200 帧时才能出现持久稳定的市场份额估计[12]，所以本研究烧录过程设定初始迭代次数为 40000，且每个个体样本使用的图像数量为 200，最终 HB 模型估计的烧录过程如图 2 所示，其中灰色区域是初始 40000 次的迭代过程，白色区域是印证迭代 20000 次的烧录过程，可以看出，虽然整个烧录过程有一些震荡，但是最终收敛的趋势表明了本次迭代过程没有残留。

表 5 的模型整体拟合度指标显示，Pct. Cert. 、Root Likelihood（RLH）、Avg Variance、Parameter Root Meansquare（RMS）四个关键指标的最终值都在其平均值附近，表明迭代过程具有平稳性。其中 Pct. Cert. 代表失效模型（Null Model，假设平坦效用赋值为零）和完美模型（Perfect Model）之间百分比，RLH 表示方根似然（Root Likelihood），这两个指标值大于 0.5 说明本模型在预测消费者选择行为上是有效的。

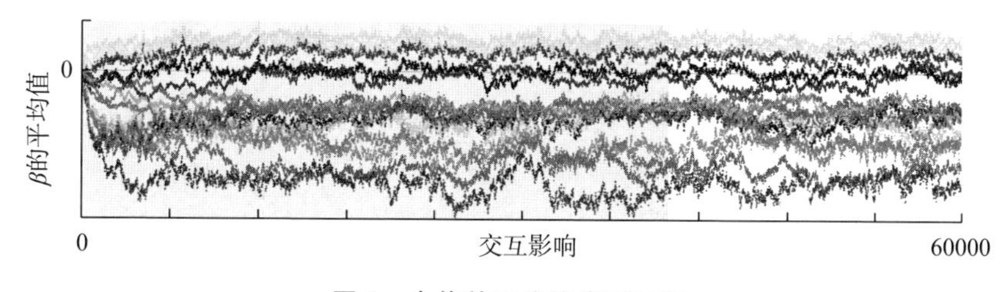

图 2　个体效用分值烧录过程

前文的研究结果表明消费者偏好具有异质性，所以仅研究消费者对可追溯猪肉信息属性的总体支付意愿对于生产者市场方案设定的实际价值有限，而基于消费者个体偏好进行的对可追溯猪肉市场份额的估计，不仅成为消费者总体支付意愿研究的重要补充，而且具有实际的市场意义。

表 5　HB 模型估计的整体拟合结果

拟合度指标	最终值	平均值
百分比（Pct. Cert）	0.596	0.595
方根似然（RLH）	0.666	0.666
均方差（Avg Variance）	13.701	15.307
均方根（RMS）	4.521	4.751

2. RFCM 方法估计

基于 HB 模型估计结果对实验方案中 12 种类型的猪肉轮廓的市场份额进行模拟预测，借鉴黄璋如、吴林海等的研究[17,18]，本部分采用随机首选方法进行市场模拟，该方法假设人们都是选择效用最大的属性组合（轮廓），对轮廓的设置如前所述。

表 6　5 种市场方案中 12 种猪肉轮廓的市场份额估计

猪肉轮廓	市场方案 1		市场方案 2		市场方案 3		市场方案 4		市场方案 5	
	市场份额（%）	标准差	市场份额（%）	标准差	市场份额（%）	标准差	市场份额（%）	标准差	市场份额（%）	标准差
轮廓 1	12.09	0.0117	11.03	0.0112	9.72	0.0107	8.16	0.0100	6.65	0.0092
轮廓 2	20.42	0.0155	19.62	0.0151	17.96	0.0145	15.69	0.0142	13.77	0.0140
轮廓 3	27.19	0.0153	24.87	0.0147	22.06	0.0142	18.30	0.0136	15.12	0.0131
轮廓 4	20.65	0.0134	19.21	0.0131	17.24	0.0127	14.28	0.0118	11.48	0.0109
轮廓 5	0.25	0.0007	0.42	0.0012	0.68	0.0019	1.11	0.0027	1.74	0.0036
轮廓 6	0.73	0.0025	0.67	0.0020	0.65	0.0015	0.65	0.0012	0.66	0.0011
轮廓 7	4.06	0.0065	4.05	0.0065	3.96	0.0064	3.71	0.0063	3.39	0.0062
轮廓 8	4.15	0.0068	4.00	0.0067	3.79	0.0065	3.39	0.0062	2.93	0.0058
轮廓 9	4.32	0.0066	4.22	0.0066	4.06	0.0066	3.77	0.0065	3.46	0.0064
轮廓 10	0.06	0.0003	0.04	0.0002	0.03	0.0001	0.02	0.0001	0.02	0.0001
轮廓 11	1.35	0.0042	1.22	0.0039	1.13	0.0037	1.03	0.0035	0.95	0.0033
轮廓 12	4.73	0.0082	10.64	0.0127	18.72	0.0168	29.87	0.0204	39.81	0.0228

基于菜单实验方案中可追溯猪肉属性的价格设置为5个价格层次，由此形成了本部分的5个市场方案，其中市场方案1对应“供应链追溯”、“供应链追溯+内部追溯”、“猪肉品质检测”和“质量管理体系认证”4个属性第一层次的价格（1.3元、1.6元、1.8元、1.3元），市场方案2对应4个属性第二层次的价格，以此类推，市场方案3、4、5分别对应4个属性第三、第四、第五层次的价格。基于HB模型估计结果，采用随机首选法对5种市场方案下12个类型猪肉的市场份额进行估计。RFCM方法是结合个体偏好的市场占有率模型与一般首选法规则，在成分效用值中增加基于特定随机误差的权重后，按照与一般首选法同样的规则计算产品的市场占有率[17,18]。结果如表6所示。

估计结果表明，总体来看，随着市场方案1到市场方案5中“供应链追溯”、“供应链追溯+内部追溯”、“猪肉品质检测”和“质量管理体系认证”4种信息属性价格的升高，11种类型的可追溯猪肉的市场份额都在降低，而普通猪肉的市场份额则大幅提升，由4.73%增长到39.81%。此外，研究结果还表明，在每一种市场方案下，不同类型可追溯猪肉共同组成的市场份额远超当前热销的普通猪肉的市场份额，即使是市场份额较小的具有利基产品特征的类型Ⅴ至类型Ⅺ的可追溯猪肉，其共同组成的市场份额也至少与当前热销的普通猪肉的市场份额相匹敌。

四 主要结论与政策含义

本文以江苏省无锡市的604位消费者为样本，引入序列估计法研究了消费者对具有不同安全属性可追溯猪肉的消费偏好，在此基础上构建5种市场方案并引入随机首选法，对相应的可追溯猪肉的市场份额做出估计。本文运用的BDM拍卖实验方法激励参与者更精确、更真实地表达自己的支付意愿，较好地克服了假想性实验偏差与社会期望偏差。

研究结果表明以下两点。第一，消费者愿意为具有信息属性的可追溯猪肉支付溢价，其中“猪肉品质检测”属性是消费者最偏好的属性。此外，在MBC菜单选择实验框架下，消费者多数不会选择属性的组合。就消费者整体层面而言，基于价格约束，单个信息属性带给消费者的效用高于复合信息属性组合带给消费者的效用。第二，若把不同信息属性的可追溯猪肉类型全部投放到市场中，那么普通猪肉当前的市场份额将受到很大冲击，不同信息属性的可追溯猪肉将在猪肉市场上占据绝对的竞争优势，其共同组成的市场份额将远超普通猪肉。当然在预算约束下，信息属性的价格越高，其对不同信息属性可追溯猪肉市场份额的影响越大，所以对信息属性的适度定价是非常重要的。

本文的研究对中国政府完善可追溯食品市场的消费政策具有参考价值，主要体现在以下两个方面。第一，在猪肉可追溯体系的建设和发展初期，政府应鼓励猪肉生产商在可追溯猪肉的信息属性设置中引入猪肉品质检测属性，既可以与具有事后追溯功能的信息属性在一定程度上相互替代与补充，又有助于通过优质优价保护高质量安全猪肉生产者的利益，激发猪肉生产商生产安全猪肉的内在动力。第二，消费者对食品质量安全的要求日益提高，并且对不同质量安全属性的偏好存在异质性。应该充分发挥市场的决定性作用，支持厂商生产不同类型的可追溯猪肉，扩大可追溯猪肉的市场容量，以满足不同收入消费群体的差异化需求。

参考文献

[1] 尹世久、李锐、吴林海等:《中国食品安全发展报告（2018）》，北京大学出版社，2018。

[2] 吴林海、秦沙沙、朱淀等:《可追溯猪肉原产地属性与可追溯信息属性的消费者偏好分析》，《中国农村经济》2015 年第 6 期。

[3] Sterling, B., Gooch, M., Dent, B. et al, "Assessing the Value and Role of Seafood Traceability from an Entire Value-Chain Perspective," *Comprehensive Reviews in Food Science and Food Safety*, 2015, (14): 1 – 64.

[4] 吴林海、刘平平、陈秀娟:《消费者可追溯猪肉购买决策行为中的诱饵效应研究》，《中国食品安全治理评论》2018 年第 2 期。

[5] 侯博:《可追溯食品消费偏好与公共政策研究》，社会科学文献出版社，2018。

[6] 尹世久、高杨、吴林海:《构建中国特色食品安全社会共治体系》，人民出版社，2017。

[7] Moe, T., "Perspectives on Traceability in Food Manufacture," *Trends in Food Science &*

Technology, 1998, 9 (5): 211 - 214.

[8] Jin, S. S., Zhou, L., "Consumer Interest in Information Provided by Food Traceability Systems in Japan," *Food Quality and Preference*, 2014, (36): 144 - 152.

[9] Hobbs, J. E., "Information Asymmetry and the Role of Traceability System," *Agribusiness*, 2004, 20 (4): 397 - 415.

[10] Loebnitz, N., Loose, S. M., Grunert, K. G., "Impacts of Situational Factors on Process Attribute Uses for Food Purchases," *Food Quality and Preference*, 2015, (44): 84 - 91.

[11] Reid, L. M., O'Donnell, C. P., Downey, G., "Recent Technological Advances for the Determination of Food Authenticity," *Trends in Food Science & Technology*, 2006, (17): 344 - 353.

[12] Orme, U T., "Software for Menu-Based Choice Analysis," Sawtooth Software Conference Proceedings, Sequim, WA, 2013.

[13] McFadden, D., "Conditional Logit Analysis of Qualitative Choice Behavior." In: Zarembka, P., Ed., *Frontiers in Econometrics*, New York: Academic Press, 1974.

[14] Luce, R. D., "Individual Choice Behavior: A Theoretical Analysis," Courier Corporation, 2005.

[15] Ben-Akiva, M., Gershenfeld, S., "Multi-featured Products and Services: Analysing Pricing and Bundling Strategies," *Journal of Forecasting*, 1998, 17 (3): 175 - 196.

[16] Train, K. E., "Discrete Choice Methods with Simulation" (Second Edition), Cambridge University Press, 2009.

[17] 黄璋如:《消费者对蔬菜安全偏好之联合分析》,《农业技术半年刊》2009 年第 86 期。

[18] 吴林海、王淑娴、徐玲玲:《可追溯食品市场消费需求研究——以可追溯猪肉为例》,《公共管理学报》2013 年第 3 期。

溯源追责信任、纵向协作关系与猪肉销售商质量安全行为控制

——兼议猪肉可追溯体系质量安全效应的现实效果[*]

刘增金[**]

摘　要：本文利用对北京、上海、济南三大城市636位猪肉销售商的调查问卷数据，系统深入地实证分析猪肉销售商质量安全行为及其影响因素，重点考察溯源追责信任、纵向协作关系对猪肉销售商质量安全行为的影响，选用双变量Probit模型和工具变量法来解决溯源追责信任变量内生性问题，同时回答"猪肉可追溯体系质量安全效应的现实效果如何"这一问题。研究发现：猪肉销售环节作为问题猪肉流入市场的最后关口，质量安全问题仍存在，31.13%的人表示两年内遇到过猪肉质量安全问题。其中"注水肉"问题最为严重，22.17%的人表示遇到过"注水肉"问题，还遇到过不新鲜、不卫生、变质猪肉，"瘦肉精"等禁用药残留猪肉和病死肉等；对溯源追责能力信任程度高的销售商遇到过猪肉质量安全问题的可能性更小，溯源追责信任变量具有内生性，如果不考虑内生性，会大大低估溯源追责信任变量对猪肉销售商质量安全行为的影响；追溯体系参与和品牌猪肉销售两个工具变量显著影响猪肉销售商对溯源追责能力的信任程度，这进一步验证了我国猪肉可追溯体系建设发挥质量安全保障作用的机理以及质量安全效应的现实效果较好；销售关系、惩治力度、年龄变量显

* 本文是国家自然科学基金青年项目"基于监管与声誉耦合激励的猪肉可追溯体系质量安全效应研究：理论与实证（71603169）"阶段性研究成果。

** 刘增金，博士，上海市农业科学院农业科技信息研究所副研究员，主要从事农业经济理论与政策、生猪产业经济、食品安全管理等方面的研究。

著影响猪肉销售商的质量安全行为。最后，本文提出加强源头控制和法律宣传，从根本上杜绝猪肉质量安全问题；加大检测力度和惩治力度，探索建立猪肉销售商登记在案和信用评价制度；加强猪肉可追溯体系和溯源追责宣传，强化消费者的溯源追责习惯，提升猪肉销售商的溯源追责信任程度，充分发挥社会组织的监督和宣教作用。

关键词： 溯源追责信任　纵向协作关系　猪肉销售商　质量安全行为　猪肉可追溯体系

一　引言

猪肉作为我国居民消费的主要肉类产品，保障其质量安全是关系国计民生的大事。然而，猪肉质量安全事件屡见报端，这不仅极大损害了人们的身体健康和消费信心，也对生猪行业造成很大打击。信息不对称被认为是食品安全问题产生的主要原因，并且信息不对称程度会随着食品供应链条的增长而加剧[1~2]。猪肉供应链条长，从生猪饲养到猪肉上市，涉及生猪养殖、流通、屠宰加工和猪肉销售等诸多环节，信息不对称程度较为严重，并且猪肉供应链各环节之间组织化程度较低，缺乏有机协调与合作机制，使得猪肉质量安全问题频发[3]。解决猪肉质量安全问题的主要手段之一是消除信息不对称，而消除信息不对称的重要策略之一是建立食品可追溯体系[4]。实施食品可追溯体系不仅能够克服供应链内信息不对称问题，提高供应链管理水平，而且能够保证食品安全并减少食品召回成本[5~6]。实施食品可追溯体系可以保证人类与动物健康，明确供应链内企业的责任，应对贸易壁垒[7]，还可以在市场中树立某种产品信息的可信性，进而降低产品销售成本[8]。

理论上，解决猪肉质量安全问题有两种思路：一是加强监管，明确责任，加大惩治力度[9]；二是实施产品差异化策略，比如实施“三品一标”认证，实现优质优价[10]。一般观点认为，猪肉可追溯体系的质量安全保障作用主要体现在通过实现溯源追责来加强对生猪产业链各环节利益主体质量安全行为的监管。然而，可追溯体系对猪肉质量安全的保障作用还体现在产品差异化策略方面。虽然中国猪肉可追溯体系建设并未对猪肉质量安全标准提出更高要求，但可追溯体系带来的产品差异化主要体现在对企业声誉的影响上，可追溯体系通过消费终端追溯查询在一定程度上维护和提高了企业的声誉，对于一个建立长期经营目标、希望增加未来预期收入的企业来说，猪肉可追溯体系还会通过声誉机制起到规范其质量安全行为的作用。因此，通过猪肉可追溯体系实现溯源对于解决猪肉安全问题的作用具体表现在两个方面：一是溯源可以明确责任，增强猪肉供应链各环节利益主体对猪肉溯源能力的信任，提高生产和销售问题猪肉的风险，在当前政府严惩生产和销售问题猪肉行为的背景下，可以起到规范猪肉供应链各环节利益主体质量安全行为的作用；二是让消费者知道所购买的猪肉来自哪个屠宰企业、哪个养殖场，保障消费者的知情权和选择权，维护和提高企业声誉，刺激企业加强品牌化建设和提高猪肉质量安全水平。

在市场经济条件下，猪肉质量安全问题的产生归根到底是对行为主体的激励不够，溯源追责对严惩和遏制猪肉生产经营者的违法违规行为具有事前预防和事后惩治作用。溯源追责包括两方面的内涵：一是明确质量安全问题的责任人和相应法律责任，包括行政责任、民事责任和刑事责任，即法律责任在质上的界定；二是以产业链为线索，追踪溯源，明确产业链各环节利益主体相应的法律责任，即法律责任在量上的界定。溯源追踪的目的就是让质量安全问题的所有责任人都受到应有的、恰当的惩治，从而起到警示和震慑作用。溯源追责的实现对猪肉质量安全风险社会共治具有基础性作用，有助于切实加强政府监管，有助于市场声誉激励作用的发挥，有助于消费者、网络媒体、社会组织等发挥监督作用。已有研究也表明，猪肉生产经营者对溯源追责能力的信任有助于规范其质量安全行为[11]，消费者对溯源追责的信任也有助于增加其购买猪肉的可能性[12]。当前我国大力推进猪肉可追溯体系建设，这是实现溯源追责的重要途径，对猪肉生产经营者的违法违规行为具有事前预防和事后惩治作用。然而在现实中，政府监管激励和市场声誉激励对生猪产业链各环节利益主体质量安全行为规范作用的发挥，受到生猪产业链各环节利益主体对溯源能力信任水平的约束。显然，只有生猪产业链上各利益主体真正认识到并相信溯源的实现，猪肉可追溯体系带来的政府监管的增强和市场声誉的提高才能起到规范产业链利益主体质量安全行为的作用。但由于中国猪肉可追溯体系实施水平不足以及可追溯体系宣传不到位，部分生猪产业链各环节利益主体对溯源能力的信任水平较低，从而影响政府监管激励和市场声誉激励作用的发挥。

“可追溯性”是食品可追溯体系的核心概念[13~15]，其实质上反映了食品的溯源能力。就猪肉而言，可以将猪肉溯源能力划分为不同水平，分别是追溯到猪肉销售商、生猪屠宰加工企业、养猪场户、生猪养殖饲料和兽药使用情况，实现难度是逐步增加的。国外溯源主要强调追溯到原产地的能力，但这是建立在完善的基层档案制度基础上的，就中国国情和保障食品安全的效果来说，溯源应该主要是指追溯到养殖场户的能力。溯源意识很早就有，但探讨溯源在改进食品安全方面的作用还是随着信息不对称理论在食品安全领域的应用才得到重视，由此推动食品可追溯体系从理论到实践不断发展。然而，遗憾的是，已有研究并未就“猪肉可追溯体系质量安全效应的现实效果如何”或者“猪肉可追溯体系实现溯源是否有助于规范生产经营者质量安全行为”这样具有现实意义的重大问题进行探讨。刘增金等[16]为探讨猪肉可追溯体系对保障猪肉质量安全的作用，构建政府契约激励模型和市场声誉机制模型进行理论探讨，通过对北京市 2 家生猪屠宰加工企业的典型案例展开实证分析。结果表明：猪肉可追溯体系通过质量安全监控力度的加大和声誉机制起到规范屠宰企业质量安全行为的作用；猪肉可追溯体系建设带来的政府监管力度的加大和监管效率的提高有助于遏制屠宰企业的道德风险活动和机会主义行为；声誉机制在解决猪肉质量安全问题上可以和显性激励机制一样起到激励约束屠宰企业质量安全行为的作用，但声誉机制作用的发挥受到猪肉溯源水平的影响。该研究为本文研究提供了较好的理论基础，遗憾的是，该研究仅以 2 家生猪屠宰加工企业为案例实证分析了猪肉可追溯体系质量安全效应的实证效果，并未更广泛深入地探讨猪肉可追溯体系对规范生猪产业链其他利益主体质量安全行为作用的实证效果。

长期以来，研究者们更加关注生猪养殖环节、生猪屠宰加工环节的质量安全问题，而忽视了猪肉销售环节的质量安全问题，但这并不意味着猪肉销售环节的质量安全问题不存在或者不严重，已有研究表明生猪产业链任一环节利益主体的质量安全行为都会影响猪肉质量安全[17]，有学者认为猪肉销售环节的质量安全风险甚至高于生猪养殖和生猪流通环节[18]。猪肉销售环节主要包括批发市场、农贸市场、超市、专营店等销售业态，已有关于猪肉销售环节质量安全问题的研究相对较少，且主要关注超市的猪肉质量安全问题[19~22]。超市在猪肉来源、检验检测、经营环境、质量安全承诺等方面均有严格规定，猪肉质量安全水平较高；专营店以品牌和生猪品种为竞争优势，通过供应链各环节的紧密合作加强质量安全控制，能够较好地实现追溯，猪肉质量安全也有保障；反而是不太受关注的批发市场和农贸市场的猪肉质量安全风险更高。然而，直接关于批发市场和农贸市场质量安全状况的研究很少。目前批发市场仍是猪肉批发环节的主力军之一，猪肉零售环节中农贸市场虽然面临来自超市和专营店的竞争压力，但不少社区中的小型农贸市场由于便利性等原因仍有较大的生存空间。因此，研究批发市场和农贸市场的猪肉质量安全状况具有非常重要的现实意义。

已有研究表明，产业链纵向协作关系会影响农产品生产经营者的质量安全行为[23~27]。纵向协作（也称垂直协作）是指在某种产品的生产和营销垂直系统内协调各相继阶段的所有联系方式[28]。纵向协作涵盖了市场自由交易、协议（也称契约）、合作经济组织、战略联盟和纵向一体化等各种形式的纵向联系方式[29]。产业链纵向协作关系是指产业链上下游各环节利益主体之间的采购、生产、加工、销售、分配等利益联结方式。已有专门研究产业链纵向协作关系对产业链利益主体质量安全行为影响的文献较多，但暂未发现产业链纵向协作关系对猪肉销售商质量安全行为影响的研究。同时，产业链纵向协作关系还会影响猪肉销售商对猪肉溯源追责能力的信任。与猪肉销售商密切相关的产业链纵向协作关系包括猪肉采购关系和猪肉销售关系，是否具有固定采购关系和固定销售关系，会影响到猪肉销售商对猪肉溯源追责能力的信任程度。一般而言，具有固定采购关系和固定销售关系的猪肉销售商对猪肉溯源追责能力的信任度更高。产业链纵向协作关系对溯源追责信任的这种影响，导致溯源追责信任对猪肉销售商质量安全行为的影响具有内生性。

通过梳理已有文献发现，已有研究并未就批发市场、农贸市场猪肉销售商的质量安全行为及其影响因素展开全面调查分析，更未聚焦关注产业链纵向协作关系、溯源追责信任对猪肉销售商质量安全行为的影响，在当前我国大力推进猪肉可追溯体系建设的背景下，也并未有研究对猪肉可追溯体系质量安全效应的现实效果展开实证验证。应该说，本文研究是具有很强的创新性和现实意义的。基于此，利用在北京、上海、济南三大城市对16家批发市场、32家农贸市场的636位猪肉销售商开展的问卷调查数据，系统深入地实证分析猪肉销售商质量安全行为及其影响因素，重点考察溯源追责信任、产业链纵向协作关系对猪肉销售商质量安全行为的影响，通过构建双变量Probit模型和纳入工具变量来解决溯源追责信任的内生性问题给模型估计结果带来的偏误，以更准确地反映猪肉销售商质量安全行为影响因素的作用方向和作用大小，同时创新性地回答“猪肉可追溯体系质量安全效应的现实效果如何”这一问题，以期为加强猪肉销售商质量安全行为控制、寻求猪肉质量安全问题解决提供对策建议。之所以选择这三个城市展开调查研究，主要是因为：上海市和济南市分别是商务部肉类蔬菜流通追溯体系第一批和第二批试点建设城市，北京市虽然作为第三批试点建设城市，但北京市早就利用奥运会的契机开始食品可追溯体系建设，因此三个城市猪肉可追溯体系建设起步较早，在国内处于较为领先水平，便于开展本文研究。

二 理论分析与计量模型构建

（一）理论模型构建与变量选择

理论上，政府主导的猪肉可追溯体系建设对生猪产业链各环节利益主体（包括养猪场户、生猪购销商、生猪屠宰加工企业、猪肉销售商）质量安全行为的影响主要表现在两方面：一是通过加强对生猪产业链各环节的质量安全监控来规范产业链各利益主体的质量安全行为；二是通过提高企业声誉来降低交易成本、抑制机会主义行为，从而起到规范各利益主体质量安全行为的作用。具体以作用于猪肉销售商质量安全行为而言，一方面，政府既是猪肉可追溯体系建设的发起者、推动者，也是监管者。政府对销售商实施可追溯的外部激励，既包括给予参与可追溯体系销售商的正向激励，也包括对违规销售商实施惩罚的逆向激励。在政府的契约激励问题中，政府首先制定并公布猪肉可追溯体系的激励契约内容，观察到政府的契约条款后，销售商决定是否加入契约，一旦销售商加入契约，就需要报告他的生产行为特征并采用相关的投入支出组合。另一方面，我国虽已在部分地区推行猪肉可追溯体系试点建设，但并未强制个体销售商参与，猪肉生产经营者自愿参与的一个重要原因是可提高屠宰企业、销售商及其产品在市场上的声誉。市场主体的声誉是在信息不对称的前提下，博弈一方对另一方行为发生概率的一种认知，它包含了参与双方之间重复博弈所传递的信息。只要消费者经常购买生产经营者的产品或服务，就会促使利润最大化类型的生产经营者树立高质量的声誉，声誉可以作为显性激励契约的替代物。即便没有显性激励合同，为了提高市场声誉，增加未来预期收入，销售商也会注重自己的经营行为，积极参与猪肉可追溯体系，严把猪肉质量安全关。

在现实中，政府监管激励和市场声誉激励对猪肉销售商质量安全行为规范作用的发挥，受到生猪产业链各环节利益主体对溯源能力信任水平的约束。显然，只有猪肉销售商真正认识到以及相信溯源的实现，猪肉可追溯体系带来的政府监管的增强和市场声誉的提高才能起到规范猪肉销售商质量安全行为的作用。因此，本文认为溯源追责信任会影响猪肉销售商的质量安全行为。同时，已有研究认为，影响食品销售商质量安全行为的因素还包括纵向协作关系、经营基本情况、质量安全认知、外界监管情况、个体特征[30~33]。借鉴已有研究成果，本文将上述因素纳入对猪肉销售商质量安全行为的影响分析，同时根据研究目的还将溯源追责信任纳入分析，且认为溯源追责信任受到追溯体系参与情况、购物小票提供行为、品牌猪肉采购行为、纵向协作关系、经营基本情况、质量安全认知、外界监管情况、个体特征等因素的共同影响（见图 1）。下面具体分析上述因素的衡量指标及作用机理。

第一，溯源追责信任，该因素包括溯源追责信任 1 个变量。在猪肉可追溯体系建设之前，消费者直接追溯到猪肉销售商的难度并不大，猪肉可追溯体系建设主要是提高消费者追溯到生猪屠宰加工企业、养猪场户的能力，进一步提高了消费者追溯到猪肉销售商的能力。因此，消费者对猪肉溯源追责的信任程度通过受访者对“一旦您销售的猪肉并非因自身原因出现质量安全问题，消费者可以确切追查到您以及上一级猪肉销售商与生猪屠宰企业?”问题的回答来反映。预期猪肉溯源追责信任程度高的猪肉销售商的质量安全行为更规范。另外，猪肉可追溯体系建设的目标是实现溯源，猪肉可追溯体系参与情况很可能对猪肉销售商的溯源追责信任程度产生影响，而购物小票是消费者的购买凭证，品牌猪肉采购行为则反映了与产业链上游利益主体的关系，追溯体系参与情况、购物小票提供行为、品牌猪肉采购行为都可能不同程度地影响猪肉销售商对溯源追责能力的信任程度。因此将上述3个变量纳入对溯源追责信任的影响分析。

第二，纵向协作关系，包括采购关系、销货关系2个变量。猪肉销售商的纵向协作关系主要包括与产业链上游猪肉经销商、生猪屠宰加工企业的采购关系和与产业链下游猪肉采购者的销货关系。一方面，不同品牌猪肉的质量安全存在差异，不同销售对象对猪肉质量安全的要求也存在差异；另一方面，是否具有固定采购关系和固定销售关系，决定了猪肉销售商与上一级猪肉经销商、生猪屠宰加工企业以及猪肉采购者之间的利益联结方式，并最终反映在对猪肉质量安全和价格方面的要求。通常认为，具有固定采购关系和固定销售关系的猪肉经销商、生猪屠宰加工企业以及猪肉采购者对猪肉质量安全的控制和要求更严格。因此，将上述2个变量纳入模型。预期具有固定采购关系和固定销货关系的猪肉销售商的质量安全行为更加规范。

第三，经营基本情况，包括销售年限、销售数量、销售利润、销售业态4个变量。经营年限的差异可以反映出猪肉销售商经营经验、经营效益的不同，这可能影响销售商在采购货物过程中对猪肉质量安全的辨识经验积累和谨慎态度，从而影响销售商质量安全行为。销售数量和销售利润反映了猪肉销售商的经营能力，在市场竞争日益激烈的情况下，不同销售数量和销售利润的销售商可能会采取不同的经营策略，具体反映在对猪肉质量安全的控制方面。同时，批发市场以从事猪肉批发业务为主，农贸市场以从事猪肉零售业务为主，不同销售场所猪肉销售商的质量安全行为也可能呈现差异。因此，将上述4个变量纳入模型分析。预期销售年限长、销售数量多、销售利润高的猪肉销售商的质量安全行为更加规范，批发市场与农贸市场猪肉销售商的质量安全行为是否存在明显差异有待进一步验证。

第四，质量安全认知，包括关注程度、责任意识 2 个变量。质量安全认知因素通过受访者对猪肉质量安全相关的法律法规或政策的关注程度来衡量。对猪肉质量安全相关的法律法规或政策关注程度高的销售商会具有更强的遵纪守法意识，对违法违规行为及其后果有更清晰的认识，从而起到约束质量安全行为的作用。《中华人民共和国食品安全法》中明确规定：禁止采购、使用不符合食品安全标准的食品原料、食品添加剂、食品相关产品；食品经营者发现其经营的食品不符合食品安全标准，应当立即停止经营。可知猪肉销售商对自己所销售的问题猪肉要承担相应的法律责任。因此，将上述 2 个变量纳入模型分析。预期对猪肉质量安全法律法规或政策关注程度高、认为应该为出售问题猪肉负责的猪肉销售商的质量安全行为更规范。

第五，外界监管情况，包括监控力度、惩治力度 2 个变量。外界监管一直是研究猪肉生产经营者质量安全行为不可缺少的因素。猪肉销售商具有“社会人”属性，处在复杂的社会中，其行为必然受到周围社会环境的影响；从经济学角度来说，信息不对称的存在容易导致市场失灵，而这种市场失灵需要政府的干预，同时猪肉销售商与所在批发市场和农贸市场之间实质上存在一种委托 - 代理关系，同样会受到所在市场的监管。因此，猪肉销售商的质量安全行为会受到来自政府、市场管理方的双重监管，猪肉质量安全监控力度和惩治力度的不同会对猪肉销售商质量安全行为产生不同影响。因此，将上述 2 个变量纳入模型分析。预期猪肉销售商感知到的来自政府和市场管理方对猪肉质量安全监控力度和惩治力度越大，猪肉销售商的质量安全行为会越规范。

第六，个体特征，包括性别、年龄、学历 3 个变量。不同性别、年龄、学历猪肉销售商的质量安全认知、经营经验以及对行业自律的认知等存在差异，这会影响其质量安全行为。性别、年龄、学历变量也是多数相关研究共同考虑的因素，它们对质量安全行为产生影响的原因是综合作用的结果，性别、年龄、学历上的差异既可以反映出猪肉销售商学识和经验的不同，也会决定其对不规范质量安全行为的态度差异，其背后更深层的原因较难全面厘清。本文将这3个变量纳入模型分析，不对其作用方向做预期。

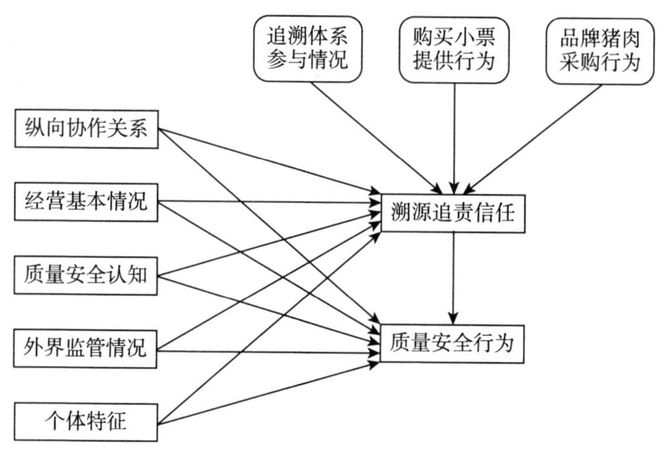

图1 理论模型框架

（二）计量模型构建

假定模型残差项服从标准正态分布，根据前文理论分析，构建如下二元 Probit 模型：

$$Y = f_1(T, Z, J, C, G, P, \mu_1) \tag{1}$$

在式（1）中，被解释变量 Y 是猪肉销售商的质量安全行为控制，1表示遇到过猪肉质量安全问题，0表示未遇到过猪肉质量安全问题。T 是猪肉销售商溯源追责信任，“非常信任”“比较信任”用1表示，其他用0表示。其他解释变量中，Z 是纵向协作关系变量，包括采购关系、销售关系；J 是经营基本情况变量，包括经营年限、销售数量、销售利润、销售业态；C 是质量安全认知变量，包括法律法规关注程度、责任意识；G 是外界监管变量，包括质量安全监控力度、惩治力度；P 是猪肉销售商个体特征变量，包括性别、年龄、学历；μ_1 是残差项。

解释变量“溯源追责信任”可能存在内生性问题，直接采用二元 Probit 模型估计可能因遗漏变量和联立内生性而得到有偏和非一致的结果[34]。本研究后面采用的 Hausman 检验也确实发现该变量存在内生性问题。研究者们会选择合适的工具变量并采用双变量 Probit 模型估计[35]，以解决内生性问题。为此，需要再设立模型，见公式（2）：

$$T = f_2(IV, Z, J, C, G, P, \mu_2) \tag{2}$$

在式（2）中，IV 包括追溯体系参与、购物小票提供、品牌猪肉采购在内的工具变量；μ_2 是残差项。式（1）和式（2）构成了联立方程组，即构成了双变量 Probit 模型。

工具变量的选取是困难的，而选出一个强工具变量更难，但若能选出 2 个及以上显著影响猪肉销售商对溯源追责信任的变量能有效避免弱工具变量问题，因此选取了追溯体系参与、购物小票提供、品牌猪肉采购 3 个变量进行尝试。这 3 个工具变量显然对猪肉销售商的质量安全行为控制没有直接影响，但可能通过影响猪肉销售商的溯源追责信任而间接影响其质量安全行为控制。另外，有限信息最大似然估计较之于两阶段最小二乘估计对弱工具变量问题更加不敏感[36]，并且结合后面的估计结果，本研究选取的 2 个工具变量的影响是显著的，因此，本研究选取的工具变量是有效的。

模型自变量的定义见表 1。

表 1　自变量定义

变量名称	含义与赋值	均值	标准差
溯源追责信任	是否相信“一旦您销售的猪肉并非因自身原因出现质量安全问题，消费者可以确切追查到您以及上一级猪肉销售商与生猪屠宰企业?”：非常信任、比较信任 =1，一般信任、不太信任、很不信任 =0	0.86	0.34
追溯体系参与	是否知道猪肉可追溯体系且认为已参与其中：是 =1，否 =0	0.56	0.50
购物小票提供	是否主动提供购物小票：是 =1，否 =0	0.38	0.49
品牌猪肉采购	是否同时销售两个及以上品牌猪肉：是 =1，否 =0	0.49	0.50
采购关系	是否有固定的采购关系：是 =1，否 =0	0.71	0.45
销售关系	是否有固定的销售关系：是 =1，否 =0	0.72	0.45
销售年限	实际数值	10.21	6.27
销售数量 1	日销售量 500 千克以下 =1，其他 =0	0.57	0.50
销售数量 2	日销售量在 500 ~ 999 千克 =1，其他 =0	0.34	0.47
销售利润 1	销售价比采购价平均每斤净赚 0.5 元以下 =1，其他 =0	0.39	0.49

续表

变量名称	含义与赋值	均值	标准差
销售利润 2	销售价比采购价平均每斤净赚在 0.5 ~ 0.9 元 = 1，其他 = 0	0.35	0.48
销售业态	批发市场 = 1，农贸市场 = 0	0.81	0.40
关注程度	平时是否关注与猪肉质量安全相关的法律法规或政策：非常关注、比较关注 = 1，一般关注、不太关注、很不关注 = 0	0.39	0.49
责任意识	若出售的猪肉因养殖、流通、屠宰环节原因出现质量安全问题，您自认为是否承担责任：承担 = 1，不承担 = 0	0.53	0.50
监控力度	市场管理方和政府部门对猪肉质量安全的监控力度：非常大、比较大 = 1，一般、比较小、非常小 = 0	0.88	0.32
惩治力度	市场管理方和政府部门对猪肉质量安全问题责任人的惩治力度：非常大、比较大 = 1，一般、比较小、非常小 = 0	0.80	0.40
性别	男 = 1，女 = 0	0.47	0.50
年龄	实际数值	39.55	8.91
学历 1	初中及以下 = 1，其他 = 0	0.72	0.45
学历 2	高中/中专 = 1，其他 = 0	0.23	0.42

三　数据来源与样本说明

（一）数据来源

一般来说，生鲜猪肉的销售业态主要包括批发市场、超市、直营店、农贸市场等，其中批发市场分为一级批发市场（批发大厅）和二级批发市场（零售大厅）。北京、上海、济南都有农产品批发市场，每家批发市场都有专门的生鲜猪肉销售大厅，生猪屠宰加工企业每天深夜或凌晨将猪肉配送至各批发市场的批发大厅，与此同时零售大厅的猪肉销售商开始从批发大厅进货，然后销售给超市（一般为小型超市）、农贸市场、饭店、机关或事业单位、工地和普通消费者。超市、农贸市场、专营店主要从事猪肉零售业务，直接面向饭店等企业或单位和普通消费者。

本文研究数据源于两个阶段的调研，第一阶段为 2014 年 7 ~ 9 月对北京市大洋路、城北回龙观、新发地、锦绣大地、西郊鑫源 5 家批发市场和回龙观鑫地、健翔桥平安、明光寺等 6 家农贸市场的猪肉销售商进行问卷调查。最终获得 197 份有效问卷，其中批发市场 172 份，农贸市场 25 份。第二阶段为 2017 年 9～10 月对上海市上农、江桥、江杨、西郊国际、七宝、八号桥 6 家批发市场和北桥、北新泾、川南等 22 家农贸市场的猪肉销售商进行问卷调查，以及对济南市匡山、七里堡、八里桥、绿地、海鲜大市场 5 家批发市场和吉祥苑、七里河、全福、燕山 4 家农贸市场进行问卷调查。最终上海市获得 227 份有效问卷，其中批发市场 147 份，农贸市场 80 份；济南市获得 212 份有效问卷，其中批发市场 193 份，农贸市场 19 份（见表 2）。调查人员主要为中国农业大学、上海海洋大学、山东师范大学、滨州学院的研究生和本科生，调查方式为一对一的访谈形式。

这里需要对第一阶段问卷调查数据的时效性加以说明：第一，北京市猪肉可追溯体系建设起步较早，最近两三年猪肉可追溯体系建设以及批发市场、农贸市场的猪肉质量安全状况发生一些变化，但根据后续跟踪调查的结果发现，之前调研发现的一些问题及原因仍然存在；第二，本文是验证某一研究假说的实证研究，而不是及时发现问题和原因的调研报告，加入北京市调研数据的主要目的是获得更多地域、数量的样本，以增强研究结果、结论、建议的代表性和普适性。应该说，猪肉质量安全状况是很敏感的话题，关于猪肉销售商质量安全行为的调查很具有挑战性，因此为尽可能获得真实有效的信息，一方面调查人员证明自身的学生身份，说明调查结果只用于调查研究，不做他用，且不留受访者个人信息；另一方面给予受访者一条毛巾作为礼品，以激励其更好地配合问卷调查。

表 2　调查区域选择与分布情况

城市	批发市场		农贸市场	
	市场个数（个）	问卷份数（份）	市场个数（个）	问卷份数（份）
北京	5	172	6	25
上海	6	147	22	80
济南	5	193	4	19
合计	16	512	32	124

（二）样本说明

从性别看，受访者中女性所占比例稍多，达到 52.99%，一个猪肉销售摊位通常由夫妻二人共同经营；从年龄看，绝大多数经营者都是中青年人，18～39岁人群占44.97%，40～59岁人群占54.25%，猪肉销售经营是一件很苦很累的工作，且工作和休息时间颠倒，年纪大的人难以承受这种高负荷工作；从学历看，受访者中多数只有初中及以下学历，达到72.48%，具有大专及以上学历的人只占5.03%，猪肉销售经营学历门槛低，主要靠体力、耐力、经验，可以获得相对较为可观的收入，因此吸引了比较多的低学历人群加入，又因其工作苦和累，无法吸引高学历人群；从经营年限看，超过一半受访者从事猪肉销售经营年限在10年及以上，说明虽然该工作苦和累，但因其收入较为可观，对从业者具有较强的吸引力，有些甚至整个家族都在从事猪肉销售；从销售数量看，56.60%的摊位猪肉日销售量在500千克以下，34.12%的摊位猪肉日销售量在500～999千克，只有9.28%的摊位猪肉日销售量达到1000千克，批发市场摊位的猪肉销售量通常高于农贸市场摊位；从销售利润看，39.47%的摊位每销售1千克猪肉平均净赚1元以下，35.22%的摊位每销售1千克猪肉净赚1～1.9元，25.31%的摊位每销售1千克猪肉可以净赚2元及以上，一般来说，农贸市场摊位每销售1千克猪肉获得的利润要高于批发市场摊位，批发市场摊位重在薄利多销。

表3　样本基本特征

项目	选项	样本数（个）	比例（%）	项目	选项	样本数（个）	比例（%）
性别	男	299	47.01	经营年限	0～4年	112	17.61
	女	337	52.99		5～9年	185	29.09
年龄	18～39岁	286	44.97		10～19年	248	38.99
	40～59岁	345	54.25		20年及以上	92	14.47
	60岁及以上	5	0.79	销售数量	500千克以下	360	56.60
学历	小学及以下	118	18.55		500～999千克	217	34.12
	初中	343	53.93		1000千克以上	59	9.28
	高中/中专	143	22.48	销售利润	1元以下/千克	251	39.47
	大专	28	4.40		1～1.9元/千克	224	35.22
	本科及以上	4	0.63		2元及以上/千克	161	25.31

四　模型估计结果与分析

（一）猪肉销售商质量安全行为的描述统计分析

1. 猪肉销售商质量安全行为及问题原因的描述分析

调查发现，在受访的636 位猪肉销售商中，31.13% 的人表示近两年遇到过猪肉质量安全问题，本文研究中将这部分猪肉销售商界定为质量安全行为不规范或质量安全行为控制不严格。不管这种情况的发生是否出于猪肉销售商主观意愿，一旦遇到猪肉质量安全问题，就有可能对消费者身心健康带来损害，不利于市场稳定和生猪产业发展，本文研究全面探讨分析猪肉销售商遇到猪肉质量安全问题的原因。其中，“注水肉”问题最为严重，22.17% 的人表示遇到过注水肉问题，6.76% 的人表示遇到过不新鲜、不卫生、变质猪肉问题，2.83% 的人表示遇到过“瘦肉精”等禁用药残留超标问题，1.89% 的人表示遇到过病死肉问题，还有 3.77% 表示遇到过其他猪肉质量安全问题（见图 2）。应该认识到，猪肉销售环节只是生猪产业链的一个环节，是问题猪肉流入市场的主要渠道，该环节本身基本不会产生新的猪肉质量安全问题[①]，如果生猪养殖、流通、屠宰加工环节不产生生猪、猪肉质量安全问题，那猪肉销售环节基本不会存在猪肉质量安全问题。但前期通过对生猪养殖、流通、屠宰加工环节的调查获知，这些产业链环节都或多或少存在质量安全隐患，由此增加了问题猪肉流入销售环节进而流向市场的可能性。

具体而言，以较为普遍存在的“注水肉”问题为例，调查发现，“注水肉”更可能直接产生于生猪流通环节，部分购销商购买生猪后，给生猪注射某种药物，注射之后生猪大量饮水且不易排出。屠宰企业依据目前的待宰时间规定和检验监测标准等，收购生猪后待宰 12 小时，没有发现异常现象和可疑药物，也没有发现猪肉水分超标（国家规定的猪肉含水量标准是小于等于 77%，屠宰企业抽查结果多数在 74% ~76%）。在猪肉销售环

① 需要区分“产生”和“存在”两个概念，某一环节产生质量安全问题肯定可以说存在质量安全问题，但某一环节存在质量安全问题不见得是在该环节产生。

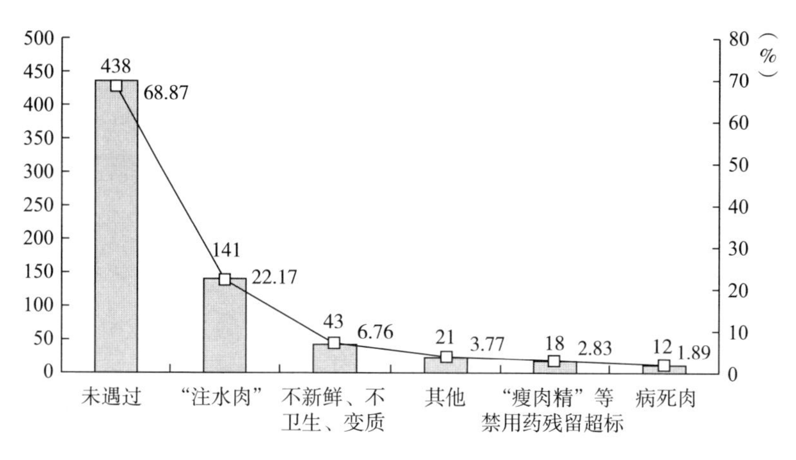

图 2 猪肉销售商质量安全行为控制情况

注：该题目是多选，这里的百分比是指某选项选择频数占总样本数的比例。

节，虽不排除部分没经验的摊主将排酸过度反水的猪肉当成“注水肉”，但这种情况极少，有经验的摊主很容易区分排酸过度反水猪肉和“注水肉”，而受访者中 82.39% 经营猪肉销售的时间不低于 5 年。另外，也不排除多数摊主在主观上不愿意买到“注水肉”，但由于二分体（或白条）比分割肉更难分辨含水量大小，加之进货时间紧，还是可能买到“注水肉”。

深度调查发现，猪肉销售环节存在质量安全问题的深层原因主要可以归结为以下几个方面：一是猪肉质量安全监管难度大，批发市场和农贸市场的猪肉质量安全检测主要是抽检，难以做到每头检测，产业链上游的生猪养殖流通环节和生猪屠宰加工环节也只能做到抽检；二是缺乏有效的问题猪肉退回机制，由于检测不可能做到面面俱到、万无一失，因此难免给问题猪肉留下流入市场的机会，并且在抽检合格的前提下，上一级猪肉销售商或屠宰加工企业有足够理由拒收问题猪肉，未建立问题猪肉退回机制或召回机制；三是部分销售商对问题猪肉的辨识能力较差，猪肉销售是一个门槛低但需要经验积累的行业，部分销售商从事该行业年限很短，在采购货物的短时间内，难免选购到存在一定质量安全问题的猪肉①；四是部

① 不管批发市场还是农贸市场，采购的都是白条猪（二分体），如果没有经验，从表面通常很难看出水大水小或“瘦肉精”等问题，但有丰富经验的销售商可以在短时间内比较容易地辨别出来。

分猪肉销售商有冒险销售问题猪肉的动机，由于监管难度大，在当前市场竞争日益激烈的背景下，监管漏洞的存在使部分销售商甘愿冒险采购和销售问题猪肉；五是问题猪肉有市场生存空间和销售渠道，由于户外猪肉质量安全监管难度大，因此问题猪肉多数流入饭店、酒店、小摊贩等，问题猪肉从生猪养殖源头到最终消费仍然存在一定的生存空间和市场。

2. 猪肉销售商的溯源追责信任程度、产业链纵向协作关系及其与质量安全行为的交叉分析

关于猪肉销售商对溯源追责能力的信任程度，通过对“是否相信一旦您销售的猪肉并非因自身原因出现质量安全问题，消费者可以确切追查到您以及上一级猪肉销售商与生猪屠宰企业?”问题的回答，调查发现，59.43% 的受访者表示“非常相信”，26.89% 的人表示“比较相信”，8.49% 的人表示“一般相信”，3.93% 的人表示“不太相信”，1.26% 的人表示“很不相信”，可见猪肉销售商对溯源追责能力的信任程度较高，但也有合计 14.68% 的受访者对猪肉溯源追责能力的信任程度不高，即表示“一般相信”“不太相信”“很不相信”。

另外调查发现，猪肉销售商对猪肉可追溯体系的认知水平较高，65.57% 的受访者知道“猪肉可追溯体系”或“可追溯猪肉”，55.50% 的受访者认为自己的摊位已参与所在城市的猪肉可追溯体系。同时，购物小票提供和品牌猪肉销售这两种作为猪肉销售商参与猪肉可追溯体系的重要表现行为，总是向消费者提供购物小票有助于追溯信息查询的最终实现，摊位同时销售两种及以上品牌猪肉则不利于溯源追责的实现，同时销售两种及以上品牌的猪肉容易导致白条在分割销售时无法区分其到底属于哪一家生猪屠宰企业，从而给溯源带来困难。38.21% 的受访者表示总是向摊位购买猪肉的消费者提供购物小票，49.21% 的受访者表示摊位同时销售两个及以上品牌的猪肉。

关于猪肉销售商与产业链上下游利益主体的纵向协作关系，具体包括与产业链上游猪肉经销商或生猪屠宰加工企业的采购关系、与产业链下游猪肉采购商或消费者的销售关系。调查发现，70.91% 的受访者表示存在固定的猪肉采购关系，71.54% 的受访者表示存在固定的猪肉销售关系，但其中极少有完全固定的猪肉采购关系和猪肉销售关系。在当前竞争激烈的市场条件下，完全固定的协作关系很难维系，现实中猪肉价格变动频繁，批发大厅往往有好几家销售商，彼此之间存在竞争关系，批发大厅和零售大厅销售商之间很难形成长期稳定的合作关系，猪肉销售商与消费者之间更难以有固定协作关系。

为了探讨溯源追责信任、产业链纵向协作关系与猪肉销售商质量安全行为之间的关系，首先进行描述统计上的交叉分析，详见表4。结果发现，随着受访者对溯源追责能力信任程度的不断提高，其未遇到过猪肉质量安全问题的比例由“很不相信”时的25.00%，依次提高到“不太相信”时的40.00%、“一般相信”时的61.11%、“比较相信”时的67.84%，直至达到“非常相信”时的73.28%。据此可以初步得出结论：溯源追责信任与猪肉销售商的质量安全行为具有正相关关系，即随着猪肉销售商对溯源追责能力信任程度的提高，其表示遇到过质量安全问题的可能性在下降。另外，具有固定采购关系和不具有固定采购关系的猪肉销售商之间的质量安全行为并未呈现明显差异，具有固定采购关系的猪肉销售商表示遇到过质量安全问题的比例比不具有固定采购关系的猪肉销售商只高出2.74个百分点；但具有固定销售关系的猪肉销售商表示遇到过质量安全问题的比例比不具有固定销售关系的猪肉销售商高出4.91个百分点，差异较为明显。总体而言，溯源追责信任程度、产业链纵向协作关系对猪肉销售商质量安全行为的影响是否显著，仍需计量模型分析结果的进一步验证。

表4　产业链纵向协作关系、溯源追责信任与猪肉销售商质量安全行为的交叉分析

选项		质量安全行为				合计	
		未遇到过质量安全问题		遇到过质量安全问题			
		频数	比例（%）	频数	比例（%）	频数	比例（%）
溯源追责信任	非常相信	277	73.28	101	26.72	378	59.43
	比较相信	116	67.84	55	32.16	171	26.89
	一般相信	33	61.11	21	38.89	54	8.49
	不太相信	10	40.00	15	60.00	25	3.93
	很不相信	2	25.00	6	75.00	8	1.26

续表

选项		质量安全行为				合计	
		未遇到过质量安全问题		遇到过质量安全问题			
		频数	比例（%）	频数	比例（%）	频数	比例（%）
固定采购关系	没有固定关系	131	70.81	54	29.19	185	29.09
	有固定关系	307	68.07	144	31.93	451	70.91
固定销售关系	没有固定关系	131	72.38	50	27.62	181	28.46
	有固定关系	307	67.47	148	32.53	455	71.54

（二）猪肉销售商质量安全行为影响因素的计量分析

本文运用 Stata13.0 选择有限信息极大似然法（LIML）对式（1）和式（2）组成的双变量 Probit 模型进行估计[37]，结果见表 5 模型一。同时为了增强模型估计结果的可靠性和说服力，在不考虑溯源追责变量内生性问题的情况下，对影响猪肉销售商质量安全行为的因素进行二元 Probit 模型估计，结果见表 5 模型二。

为了检验“溯源追责信任”变量的内生性，本研究进行了 Hausman 检验，即检验式（1）和式（2）的残差项是否显著相关。检验结果发现，Rho = 0 的似然比检验的卡方值为 3.4733，相应 P 值为 0.0462，在 5% 的显著性水平下拒绝原假设，说明该变量存在较强的内生性。模型一中 Wald 似然值相应的 P 值为 0.000，说明模型整体显著性很好。模型二中伪 R^2 值为 0.0961，LR 似然值相应的 P 值为 0.0000，说明模型拟合优度和整体显著性都很好。模型估计结果足以支撑进一步的分析。

表 5　模型估计结果

变量名称	模型一				模型二	
	质量安全行为		溯源追责信任		质量安全行为	
	系数	Z 值	系数	Z 值	系数	Z 值
溯源追责信任	-1.652***	-4.40	-	-	-0.383**	-2.39
追溯体系参与	-	-	0.344**	2.41	-	-
购物小票提供	-	-	-0.055	-0.39	-	-

续表

变量名称	模型一				模型二	
	质量安全行为		溯源追责信任		质量安全行为	
	系数	Z 值	系数	Z 值	系数	Z 值
品牌猪肉采购	-	-	-0.352**	-2.31	-	-
采购关系	0.132	1.09	0.078	0.54	0.123	0.98
销售关系	0.255**	2.10	0.261*	1.79	0.227*	1.79
销售年限	0.0003	-0.03	-0.013	-0.96	0.001	0.07
销售数量 1	-0.079	-0.38	-0.309	-0.97	-0.009	-0.04
销售数量 2	-0.057	-0.27	-0.494	-1.56	0.058	0.27
销售利润 1	0.134	0.80	-0.305	-1.37	0.286*	1.72
销售利润 2	-0.049	-0.31	-0.265	-1.28	0.040	0.25
销售业态	-0.114	-0.69	0.309	1.47	-0.174	-1.00
关注程度	0.026	0.21	0.430**	2.45	-0.058	-0.45
责任意识	-0.083	-0.77	-0.030	-0.22	-0.085	-0.75
监控力度	0.111	0.64	0.411**	2.05	-0.004	-0.02
惩治力度	-0.360**	-2.14	0.370**	2.16	-0.584***	-3.89
性别	0.091	0.81	-0.182	-1.26	0.108	0.93
年龄	-0.026***	-3.46	0.001	0.09	-0.029***	-3.81
学历 1	-0.386	-1.56	-0.376	-0.87	-0.348	-1.37
学历 2	-0.280	-1.10	-0.408	-0.93	-0.241	-0.92
常数项	2.321***	4.68	1.067	1.60	1.460***	3.11
Pseudo R^2	-				0.0961	
Wald chi^2/LR chi^2	237.13				75.77	
Prob > chi^2	0.0000				0.0000	

注：*、**、*** 分别表示 10%、5%、1% 的显著性水平。

1. 内生性问题对溯源追责信任变量的影响造成的偏误

由模型估计结果可知，不管是模型一还是模型二，溯源追责信任变量反向显著影响猪肉销售商质量安全行为，即对溯源追责能力信任程度高的销售商遇到过猪肉质量安全问题的可能性更小，这与预期作用方向一致，但该变量发生作用的原因有两个方面：一是对溯源追责信任程度高的销售商担心消费者的溯源追责使其受到惩罚，所以其质量安全行为更加规范；

二是溯源追责能力强意味着，部分猪肉销售商不小心采购到问题猪肉之后，可以及时有效地将问题猪肉退回上一级猪肉经销商或屠宰加工企业，从而不必将问题猪肉不得已销售出去。

为了检验不考虑溯源追责信任变量内生性给估计结果带来的偏误，本文将模型一、模型二的估计结果进行了比较。其中，对猪肉销售商质量安全行为影响变化最大的变量是溯源追责信任，见表 6。模型一考虑了变量内生性问题，溯源追责信任变量在 1% 的显著性水平下影响猪肉销售商的质量安全行为。从边际效果来看[①]，在其他条件不变的情况下，相比于对溯源追责能力信任程度低的猪肉销售商，对溯源追责能力信任程度高的猪肉销售商遇到过猪肉质量安全问题的概率平均低 0.5554；而在模型二中，溯源追责信任变量在 5% 的显著性水平下影响猪肉销售商质量安全行为，在其他条件不变的情况下，相比于对溯源追责能力信任程度低的猪肉销售商，对溯源追责能力信任程度高的猪肉销售商遇到过猪肉质量安全问题的概率平均低 0.1403。总体来说，不考虑溯源追责信任变量内生性会给估计结果带来偏误，会大大低估溯源追责信任变量对猪肉销售商质量安全行为的影响，但不会改变该变量的作用方向。

同时注意到，追溯体系参与和品牌猪肉销售两个变量显著影响猪肉销售商对溯源追责能力的信任程度，这一方面说明本文研究选择的工具变量是合适的，另一方面也说明参与猪肉可追溯体系以及摊位只销售一种品牌的猪肉有助于提高销售商对溯源追责能力的信任程度，也间接起到规范销售商质量安全行为的作用。上述结果充分验证了一点：我国猪肉可追溯体系建设通过提高猪肉销售商对溯源追责能力的信任水平，使猪肉可追溯体系产生的政府监管激励和市场声誉激励能够规范猪肉销售商的质量安全行为，这体现出我国猪肉可追溯体系质量安全效应的现实效果较好，确实在保障猪肉质量安全方面发挥积极作用。另外，销售关系、关注程度、监控力度、惩治力度变量显著影响猪肉销售商对溯源追责能力的信任程度，在此不做详细解释。

---

① 在二元 Probit 模型和双变量 Probit 模型中，边际概率比估计系数、发生比率更能直观表现解释变量对被解释变量影响作用的大小，且更易于理解，边际概率可以通过计算公式求解或 Stata 软件直接实现。

表 6　变量内生性问题对估计结果的影响

变量	考虑内生性问题		不考虑内生性问题	
	边际概率	Z 值	边际概率	Z 值
溯源追责信任	-0.5554***	-4.40	-0.1403**	-2.39

注：*、**、*** 分别表示 10%、5%、1% 的显著性水平。

2. 其他变量对猪肉销售商质量安全行为的影响

鉴于模型一充分考虑了溯源追责信任变量内生性问题给估计结果带来的偏误，因此利用模型一的估计结果来分析各变量对猪肉销售商质量安全行为的影响。由估计结果可知，除了溯源追责信任变量对猪肉销售商质量安全行为的影响显著，还有销售关系、惩治力度和年龄变量显著影响猪肉销售商的质量安全行为。

首先，销售关系变量正向显著地影响猪肉销售商质量安全行为，即有固定销售关系的销售商遇到过猪肉质量安全问题的可能性更大，作用方向与预期不一致。深入调查发现原因在于，存在固定销售关系的猪肉销售商通常是与饭店、酒店、小摊贩等签订书面或口头协议，销售商一般允许存在固定销售关系的销售对象欠款，且问题猪肉一般被低价销售，由于户外猪肉消费监管难度大，问题猪肉最终多数流入上述场所。同时，销售关系正向显著地影响猪肉销售商对溯源追责能力的信任，即有固定销售关系的销售商对溯源追责能力的信任程度更高。这是易于理解的，具有固定销售关系的猪肉销售商与产业链下游利益主体的联系方式更紧密，通常签订书面协作协议或口头协议，使猪肉溯源追责更容易实现。据此应该认识到，销售关系还通过直接影响溯源追责信任来间接影响猪肉销售商的质量安全行为，但这种间接影响作用方向是反向的，且影响有限。

其次，认为市场管理方和政府对猪肉质量安全问题责任人惩治力度大的销售商遇到过猪肉质量安全问题的可能性更小，当前批发市场和农贸市场的猪肉质量安全检测制度基本可以保证不出现面上质量安全问题，却难以保证万无一失，对质量安全问题责任人采取强有力的惩治能对猪肉销售商起到较好的震慑作用，但部分地区和场所对责任人的惩治力度较小，轻则没收销毁猪肉并处以一定罚金，重则撤销摊位、赶出市场，极少给予重金处罚并追究刑事责任，这在一定程度上对猪肉销售商的违法违规行为起到纵容作用。由于并未建立良好的猪肉销售商信用评价与登记在案制度，且猪肉销售行业进入门槛低，猪肉质量安全问题责任人即便被赶出市场，也可以换一个地区、换一个场所继续经营。

最后，年龄越大的销售商遇到过猪肉质量安全问题的可能性越小，年龄变量的影响应该是综合作用的结果，可归结为以下两方面原因：一方面，猪肉销售是一个低进入门槛、需要经验积累的行业，年龄大的销售商的经营经验更多，辨别问题猪肉的能力更强，稳定的客户群体也在不断增多，可以借此取得较为不错的收益，不愿意再去冒险销售问题猪肉；另一方面，年龄大的销售商受到来自道德层面的约束更强，年龄大的销售商更不愿意做出售问题猪肉这样一件“昧良心”的事。

五　主要结论与政策含义

（一）主要结论

本文研究利用在北京、上海、济南三大城市对 16 家批发市场、32 家农贸市场的 636 位猪肉销售商开展的问卷调查数据，系统深入地实证分析了猪肉销售商的质量安全行为及其影响因素，重点考察溯源追责信任、产业链纵向协作关系对猪肉销售商质量安全行为的影响，同时创新性地回答“猪肉可追溯体系质量安全效应的现实效果如何”这一问题，得出以下主要结论。

第一，猪肉销售环节是问题猪肉流入市场的最后关口，31.13% 的受访猪肉销售商表示近两年遇到过猪肉质量安全问题，其中“注水肉”问题最为严重，还有猪肉不新鲜、不卫生、“瘦肉精”等禁用药残留超标、病死肉等问题。猪肉销售商对溯源追责的信任程度较高，86.32% 的人对“一旦您销售的猪肉并非因自身原因出现质量安全问题，消费者可以确切追查到您以及上一级猪肉销售商与生猪屠宰企业”表示“非常相信”和“比较相信”；猪肉销售商对猪肉可追溯体系的认知水平较高，65.57% 的人知道“猪肉可追溯体系”或“可追溯猪肉”，55.50% 的人认为自己的摊位参与已参与所在城市的猪肉可追溯体系。但只有38.21%的人表示总是向摊位购买猪肉的消费者提供购物小票，且只有50.79%的人表示摊位只销售一个品牌的猪肉，不提供购物小票以及摊位同时销售两种及以上品牌猪肉的行为给猪肉溯源实现带来困难。

第二，溯源追责信任变量反向显著地影响猪肉销售商的质量安全行为，即对溯源追责能力信任程度高的销售商遇到过猪肉质量安全问题的可能性更小。溯源追责信任变量具有内生性，如果不考虑溯源追责信任变量的内生性，会大大低估溯源追责信任变量对猪肉销售商质量安全行为的影响，但不会改变该变量的作用方向。追溯体系参与和品牌猪肉销售两个变量显著影响猪肉销售商对溯源追责能力的信任程度，说明参与猪肉可追溯体系以及摊位只销售一种品牌猪肉有助于提高销售商对溯源追责能力的信任程度，也间接起到规范销售商质量安全行为的作用，这进一步验证了我国猪肉可追溯体系建设发挥质量安全保障作用的机理及质量安全效应的现实效果。

第三，除了溯源追责信任变量对猪肉销售商质量安全行为的影响显著，纵向协作关系因素中的销售关系变量、外界监管因素中的惩治力度变量、个体特征因素中的年龄变量都显著影响猪肉销售商质量安全行为。具体而言：具有固定销售关系的销售商遇到过猪肉质量安全问题的可能性更高，同时有固定销售关系的销售商对溯源追责能力的信任程度也更高，即销售关系还通过直接影响溯源追责信任来间接影响猪肉销售商的质量安全行为，但这种间接影响作用方向是反向的，且影响有限。认为市场管理方和政府对猪肉质量安全问题责任人惩治力度大的销售商遇到过猪肉质量安全问题的可能性更小，年龄越大的销售商遇到过猪肉质量安全问题的可能性越小。

（二）政策含义

根据上述结论，提出如下政策建议。

第一，加强源头控制和法律宣传，从根本上杜绝猪肉质量安全问题。首先，严格贯彻落实耳标佩戴、档案建立及生猪检疫合格证制度，这是实现溯源追责的基础；其次，需要严厉打击病死猪收购贩卖行为，并与病死猪无害化处理补贴政策和保险政策的实施紧密配合；最后，需要严格执行产地检疫制度，杜绝没有原产地检疫检验合格证明的生猪运输和进京屠宰。同时，鉴于养猪场户对生猪耳标佩戴和档案建立规定、禁用饲料添加剂和兽药规定、兽药休药期规定、猪肉可追溯体系等的认知水平不高，政府需充分利用网络、电视、宣传栏、会议培训等渠道，加大相关法律法规、政策措施的宣传力度，增强养猪场户以及生猪购销商的法律意识和法制观念。

第二，加大检测力度和惩治力度，探索建立猪肉销售商登记在案和信用评价制度。首先，政府应从生猪养殖与流通到猪肉销售环节的整个产业链条加强质量安全检测，特别是要对生猪含水量的检测标准进行重新评估，确立更加严格和有效的检测手段和标准，并尽可能从抽检比例和抽检频率上加大检测力度；其次，政府应加大对问题猪肉生产经营者的惩治力度，积极开展食品安全法制宣传教育工作，加强对各个食品领域、各个环节的警示宣传教育，消除猪肉生产经营厂家、商家的侥幸心理；再次，政府应该鼓励支持并牵头建立覆盖全国范围的猪肉销售商登记在案和信用评价制度，可与猪肉可追溯体系建设相结合，率先在北京、上海等大城市试点推行，将批发市场、农贸市场、超市等场所的猪肉质量安全检测和惩治情况与猪肉销售商的信用挂钩，并实现相关信用信息在全国范围内的共享与查询，让信用等级差的销售商失去市场生存空间；最后，政府要树立社会共治理念，充分发动社会监管力量，充分利用第三方的质量安全检测和消费者的检举举报，形成食品安全社会共治的大格局。

第三，加强对猪肉可追溯体系和溯源追责的宣传，提高消费者的溯源追责习惯及猪肉销售商的溯源追责信任程度，充分发挥社会组织的监督和宣教作用。当前消费者对可追溯猪肉的认知水平普遍不高，追溯查询意识和习惯更是有待提高，猪肉溯源意识的缺失不利于可追溯猪肉的价值体现。因此，政府应充分利用电视、网络、食品标签等各种信息渠道加强猪肉可追溯体系宣传，尽可能提高消费者的追溯查询意识和习惯以及猪肉销售商的溯源追责信任程度，这将有利于实现猪肉可追溯体系建设的良性循环。另外，政府还应对猪肉可追溯体系建设适时进行评估，鼓励公众参与，提高全民猪肉溯源信任程度。考虑到政府的能力具有局限性，政府应充分调动公众参与猪肉可追溯体系建设和评估的积极性，搭建政府与公众之间的信息交流平台，对公众反馈的问题积极给予回应和解决，不断增强公众对猪肉可追溯体系建设的信心和对猪肉溯源能力的信任。同时，还需要网络媒体联合科研机构与行业协会，对猪肉销售商进行有效监督，对公众进行正确科普宣传。

参考文献

[1] Caswell, J. A. and Mojduszka, E. M., "Using Informational Labeling to Influence the Market for Quality in Food Products," *American Journal of Agricultural Economics*, 1996, 78 (5): 1248 - 1258.

[2] Antle, J. M., *Choice and Efficiency in Food Safety Policy*, Washington, D. C.: AEI Press, 1995.

[3] 王慧敏：《基于质量安全的猪肉流通主体行为与监管体系研究》，博士学位论文，中国农业大学，2012。

[4] Hobbs, J. E., "Information Asymmetry and the Role of Traceability Systems," *Agribusiness*, 2004, 20 (4): 397 - 415.

[5] Smith, G. C., Tatum, J. D., Belk, K. E., et al., "Traceability from a US Perspective," *Meat Science*, 2005, 71 (1): 174 - 193.

[6] 徐芬、陈红华：《基于食品召回成本模型的可追溯体系对食品召回成本的影响》，《中国农业大学学报》2014 年第 2 期。

[7] Holleran, E., Bredahl, M. E. and Zaibet, L., "Private Incentives for Adopting Food Safety and Quality Assurance," *Food Policy*, 1999, 24 (6): 669 - 683.

[8] Salaün, Y. and Flores, K., "Information Quality: Meeting the Needs of the Consumer," *International Journal of Information Management*, 2001, 21 (1): 21 - 37.

[9] 陈思、罗云波、江树人：《激励相容：我国食品安全监管的现实选择》，《中国农业大学学报》（社会科学版）2010 年第 3 期.

[10] 王秀清、孙云峰：《我国食品市场上的质量信号问题》，《中国农村经济》2002 年第 5 期。

[11] 刘增金、乔娟、张莉侠：《溯源能力信任对养猪场户质量安全行为的影响——基于北京市 6 个区县 183 位养猪场户的调研》，《中国农业资源与区划》2016 年第 11 期。

[12] 刘增金、乔娟、王晓华：《品牌可追溯性信任对消费者食品消费行为的影响——以猪肉产品为例》，《技术经济》2016 年第 5 期。

[13] Meuwissen, M. P. M., Velthuis, A. G. J., Hogeveen, H. et al., "Traceability and Certification in Meat Supply Chains," *Journal of Agribusiness*, 2003, 21 (2): 167 - 181.

[14] 孔洪亮、李建辉：《全球统一标识系统在食品安全跟踪与追溯体系中的应用》，《食品科学》2004 年第 6 期。

[15] 谢菊芳：《猪肉安全生产全程可追溯系统的研究》，博士学位论文，中国农业大学，2005。

[16] 刘增金、乔娟、张莉侠：《猪肉可追溯体系质量安全效应研究——基于生猪屠宰加工企业的视角》，《中国农业大学学报》2016 年第 10 期。

[17] 孙世民：《基于质量安全的优质猪肉供应链建设与管理探讨》，《农业经济问题》2006 年第 4 期。

[18] 林朝朋：《生鲜猪肉供应链安全风险及控制研究》，博士学位论文，中南大学，2009。

[19] 夏兆敏：《优质猪肉供应链中屠宰加工与销售环节的质量安全行为协调机制研究》，博士学位论文，山东农业大学，2014。

[20] 卢凌霄、张晓恒、曹晓晴：《内外资超市食品安全控制行为差异研究——基于采购与销售环节》，《中国食物与营养》2014 年第 8 期。

[21] 曲芙蓉、孙世民、彭玉珊：《供应链环境下超市良好质量行为实施意愿的影响因素分析——基于山东省 456 家超市的调查数据》，《农业技术经济》2011 年第 11 期。

[22] 王仁强、孙世民、曲芙蓉：《超市猪肉从业人员的质量安全认知与行为分析——基于山东等 18 省（市）的 526 份问卷调查资料》，《物流工程与管理》2011 年第 8 期。

[23] 钟颖琦、吴林海、黄祖辉：《影响猪肉安全和猪肉质量的生产行为及其影响因素分析》，《中国食品安全治理评论》2017 年第 2 期。

[24] 刘增金：《基于质量安全的中国猪肉可追溯体系运行机制研究》，博士学位论文，中国农业大学，2015。

[25] 吴学兵、乔娟：《养殖场（户）生猪质量安全控制行为分析》，《华南农业大学学报》（社会科学版）2014 年第 1 期。

[26] 刘庆博：《纵向协作与宁夏枸杞种植户质量控制行为研究》，博士学位论文，北京林业大学，2013。

[27] 徐家鹏：《蔬菜种植户产销环节纵向协作与质量控制研究》，博士学位论文，华中农业大学，2011。

[28] Mighell, R. L., Jones, L. A., *Vertical Coordination in Agriculture*, Washington, D. C.: U. S. Department of Agriculture, 1963.

[29] Martinez, S. W., *Vertical Coordination in the Pork and Broiler Industries: Implication for Pork and Chicken Products*, Washington, D. C.: U. S. Department of Agriculture, 1999.

[30] 陈雨生、房瑞景、尹世久、赵旭强:《超市参与食品安全追溯体系的意愿及其影响因素——基于有序 Logistic 模型的实证分析》,《中国农村经济》2014 年第 12 期。

[31] 乔娟:《基于食品质量安全的批发商认知和行为分析——以北京市大型农产品批发市场为例》,《中国流通经济》2011 年第 1 期。

[32] 吴秀敏:《我国猪肉质量安全管理体系研究——基于四川消费者、生产者行为的实证分析》,博士学位论文,浙江大学,2006。

[33] 刘李峰、武拉平、张照新:《价格、质量对超市农产品经营影响的实证研究——来自消费者角度的证据》,《中国农村观察》2007 年第 1 期。

[34] Wooldridge, J., *Econometric Analysis of Cross Section and Panel Data*, *MIT Press*, Cambrige, Massachusetts, London, England, 2002.

[35] 仇焕广、黄季焜、杨军:《政府信任对消费者行为的影响研究》,《经济研究》2007 年第 6 期。

[36] 陈强:《高级计量经济学及 Stata 应用》,高等教育出版社,2010。

[37] 威廉 · H. 格林编《计量经济分析》,张成思译,中国人民大学出版社,2011。

消费者安全消费的非理性均衡及其影响因素研究*

王建华　沈旻旻　朱　淀**

摘　要：近年来频发的食品安全事故极大降低了消费者对食品安全的信任度，消费者对安全食品的需求日益提升。然而，市场上消费者安全消费意愿和实际购买行为之间存在不一致性，一部分拥有安全食品消费意愿的消费者最终并没有产生实际购买行为，致使安全食品消费市场出现了"非理性均衡"现象。鉴于此，本文选取猪肉作为安全认证农产品的典型代表，基于江苏省和安徽省两省844位消费者的调查数据进行RPL分析和二元Logit回归分析，从消费者对安全认证产品不同属性层次的偏好以及影响消费者安全消费的因素两个方面对消费者的安全消费意愿和购买行为进行研究。研究结果显示，消费者对附加绿色食品认证、有机食品认证、产地信息和无添加剂和兽药残留标签这几类属性特征的猪肉具有显著偏好，在猪肉上标注此类信息可有效提升消费者对猪肉安全的信任程度。而消费者对安全认证猪肉的购买意愿和购买行为不一致现象受到诸多因素的影响，性别、年龄、家庭年收入，以及消费者对农产品质量安全认证标志的信任程度、对安全认证猪肉的了解程度和对猪肉质量安全问题的关注程度

---

* 本文是国家自然科学基金面上项目"农业生产者安全生产政策的实验评估及其组合设计：以病死猪无害化处理为例"（项目编号：71673115）、国家自然科学基金项目"病死猪流入市场的生猪养殖户行为实验及政策研究"（项目编号：71540008）、中央高校基本科研业务费专项资金资助项目（项目编号：JUSRP1808ZD）的阶段性成果。

** 王建华，博士，江南大学商学院教授，硕士生导师，主要从事行为经济与决策科学等方面的研究；沈旻旻，江南大学商学院硕士研究生，主要从事行为经济与决策科学等方面的研究；朱淀，苏州大学东吴商学院副教授，主要从事行为经济理论与实践等方面的研究.

都在不同程度上造成了消费者安全消费“非理性均衡”现象的出现。综合两个实证分析结果，可以得出价格和年龄是导致消费者安全消费“非理性均衡”的主要影响因素。本文的研究结论旨在为构建安全认证食品市场、建立适合中国国情的安全认证食品市场秩序提供理论支撑和决策参考。

关键词： 安全消费　非理性均衡　安全认证猪肉　购买意愿　消费偏好

一　引言

全球每年因为食品质量安全问题导致的死亡人数约有 1800 万人[1]，因此，食品安全问题成为全世界关注的焦点和各国政府重点治理的症结所在。尽管近年来我国食品质量安全水平总体呈现稳中有升、趋势向好的形势，但国内外频发的食品安全事件使得国内消费者在进行食品消费时，对食品安全的关注度普遍提高，对食品安全相关信息的获取和追踪意识逐渐增强。由于目前安全食品生产供应链各个环节仍有缺失，交易双方信息不对称，政府安全食品监管和处理制度尚不完善等问题的存在，即使拥有安全食品购买意愿的消费者也不一定会真正购买安全食品，导致市场上安全消费非理性均衡现象出现，形成了一方面安全食品滞销，另一方面安全食品难求的尴尬局面。而在频繁发生的食品安全问题事件中，尤属肉类及相关肉制品类的质量安全事故占比最高；而在肉类食品安全事故中，猪肉安全问题出现频率最高[2]。猪肉安全问题发生在猪肉供给链的多个环节，包括：生猪养殖过程中超范围、超剂量使用兽药、兽用抗生素；屠宰环节非法注水、添加“瘦肉精”或其他物质；运输销售环节“非法加工售卖过期变质猪肉”。因此，猪肉被纳入第一批实施认证的产品行列以规范猪肉的生产供应，提高猪肉整体质量。鉴于此，本文选取猪肉作为安全认证农产品的典型代表，从消费者对安全认证产品不同属性层次的偏好以及影响消费者安全消费的因素两个方面对消费者的安全消费意愿和购买行为进行研究，对构建安全认证食品市场，建立适合中国国情的安全认证食品市场秩序具有重要的现实意义与参考价值。

二　文献综述

当消费者进行消费时未经考虑或对产品没有充分的认识和了解，可能形成主观上的决策失误，造成非理性消费，导致消费者的自身效用难以实现最大化。美国经济学及心理学专家 Daniel Kahnema 认为，人的非理性消费行为还会影响到客观的市场[3]。因此，消费者安全消费的非理性行为会对安全食品市场造成一定的冲击。例如，在猪肉消费中，购买安全认证猪肉是理性人的行为决策，但由于信息不对称、信任程度低、价格高等因素的存在，具有安全认证猪肉购买意愿的消费者可能产生不购买的非理性行为。1993 年，Loomis 就提出消费者对产品的自述偏好与他们在真实市场环境中的选择存在很大差异[4]。Verhoef 和 Franses 在 2003 年对荷兰消费者有关金融产品选择的调查研究中也得出相同结论，即消费者的购买意愿与其现实购买行为之间并不一致[5]。消费者是安全食品的需求方，也是检验安全食品价值的唯一市场主体，其对安全食品的接受程度和消费意愿决定了安全食品市场的发展和未来前景。国内安全食品市场的建立需要一个循序渐进的过程，消费者对安全食品同样需要一个认知的过程，消费者一端的买方市场发展不成熟，会导致安全消费市场不均衡现象的出现。而目前我国消费者对食品质量安全标准体系的认知和信任依然缺失，比如在绿色食品方面，张利国、曾寅初等的研究结果显示，大部分消费者对绿色食品的了解程度和认知程度比较低，继而导致其对绿色食品的实际购买不足[6~7]。在这种情况下，消费者不愿意为高质量标准的产品支付过高的溢价。在叶燕对有机茶叶的研究中，市场上有机茶叶的价格相较于普通茶叶一般会有 50% 以上的溢价，但消费者只愿意为有机茶叶支付 39.96% 的溢价，致使有机茶叶生产者难以获得合理的经济回报，生产积极性降低[8]。这也是安全食品市场“劣币驱逐良币”现象出现的主要原因之一，当市场失灵时，安全食品生产者承担了过高的生产成本，却没有得到相应的报酬，反而承担了本应由社会负担的生态环境投入成本，其直接结果就是生产者的安全生产意愿降低，安全认证农产品市场供给不足，市场难以到达帕累托最优[9]。

消费者购买产品，本质是为了满足自身需求。因此食品固有的内部属性如质量、口感、营养价值等是消费者选择购买的主要动力。而食品附加的外在线索，包括品牌、价格、标签等，则可以帮助消费者在交易双方信息不对称情况下识别食品的质量、价值等信息，提高消费者的购买可能性[10]。农产品质量安全认证是预防食品安全风险的主要工具之一，“三品”（有机、绿色、无公害）认证是我国考核食品质量安全水平的重要指标[11]。Ortega等研究了中国消费者对牛肉质量安全属性的支付意愿，结果显示，消费者对绿色认证和有机认证的牛肉具有显著偏好，并且愿意为绿色认证的牛肉支付更高的价格[12]。食品的产地信息也是影响消费者购买意愿的重要参考。Wägeli等的研究发现，由于消费者更容易感知当地生产的食物的生长环境和生产过程，以及短距离运输可以有效保障食品新鲜程度，消费者更偏好购买当地生产的有机食品[13]。食品中所含的添加剂和药物残留信息也是消费者选择食品的一个重要依据。在张振等以猪肉为对象进行的选择实验中可以发现，消费者对具有质量保证（不含“瘦肉精”等违法添加剂和兽药残留）的猪肉具有明显的购买偏好[14]。

受消费者个体特征、家庭特征、认知水平等因素的影响，不同消费者对产品属性层次的偏好也存在显著差异。国内外的研究显示，消费者的性别、年龄、受教育程度、家庭年收入等是影响消费者安全消费的主要影响因素。Smith等2009年的研究结果显示，消费者对牛奶的需求受到牛奶价格、替代品价格和消费者牛奶安全认知等多个因素的影响[15]。Aletkure等在2010年的研究中指出性别和社会经济地位显著影响消费者的安全食品购买行为；相较于女性，男性更偏向于选择冒风险购买没有安全认证的产品；随着社会经济地位的提升，风险偏好也会随之降低[16]。2011年Unklesbay对美国824位在校大学生进行了食品安全认知调查，结果显示消费者对食品安全相关知识的掌握程度显著影响其安全消费行为。调查中发现，主修食品科学、营养保健学等学科的学生更偏向于购买安全认证产品，而从未学过食品相关课程的学生，安全消费意识薄弱。国内，王志刚等2010年对影响消费者食品安全认知和购买行为的主要影响因素进行了调查研究，结果显示，消费者的受教育程度、居住环境、是否吸烟以及对食品安全的关注程度等因素对消费者的安全食品认知和购买有较大影响[17]。同年，周洁红对浙江省城镇居民对蔬菜的安全认知和购买行为进行研究调查，结果显示受教育程度、家庭结构以及消费者对蔬菜安全的关心程度和对蔬菜安全标准的认知程度与消费者的安全蔬菜消费认知显著相关[18]。

综上所述，安全认证属性、产地信息、质量保证标签等是消费者进行食品安全消费时比较关注的属性，大多数消费者对这些属性或属性组合有购买偏好。而消费者的个体基本特征、家庭基本特征以及市场营销活动等会对消费者的安全消费产生影响。因此，本文选取猪肉后腿肉的认证水平属性、产地属性、质量安全保证属性，并辅之以价格属性，试图确定同时满足消费者偏好和消费者效用需求的安全认证猪肉属性组合和价格定位。从消费者的性别、年龄、受教育程度、对猪肉安全的了解程度和认知程度等个人基本特征和家庭年收入、家中是否有 18 岁以下小孩等家庭特征来探讨影响消费者安全消费的因素。

三　理论基础与模型建立

本文理论基础来源于随机效用理论与 Lancaster 消费者理论。随机效用理论（Discrete Choice Theory）由 McFadden 于 1974 年提出，该理论研究的是消费者在购买各种商品和劳务时如何分配自己的收入使之最大限度地满足自身需求，是消费者选择与需求研究领域的一项重要理论。随机效用理论认为多种属性构成产品或服务，而通过实体变量可以观测这些属性的具体效用。消费者对产品或服务的不同属性拥有不同的态度和认知，继而给出不同的评估，即属性的成分效用值（Part - worth Utilities）。综合评估产品或服务的各项属性效用之后，所形成的对产品或服务的整体评价称为整体效用（Overall Utilities）。多项研究表明，整体效用评估值显著影响消费者购买该种产品或服务的概率[19]。Lancaster 则突破传统经济学的研究局限，提出消费者不是直接从产品本身获得效用，而是产品的属性特征满足了其某种需求，即产品的效用来自产品自身所拥有的属性而不是产品本身。消费者对产品的购买，本质是对具有不同属性和属性层次组合的产品的选择。Lancaster 的理论主要包括以下三个假设：①并不是产品给消费者带来效用价值，而是产品所具有的属性及属性层次；②一种产品会拥有一个或多个属性及属性层次，同一属性或属性层次也可能被多种产品所共同拥有；③不同属性和属性层次排列组合构成不同产品，单一产品和组合产品所拥有的属性特征各不相同[20]。

因此，本文将安全认证猪肉定义为由绿色食品认证、无公害农产品认证、有机食品认证、无添加剂和兽药残留标签、产地信息、价格等多个属性和属性层次随机组合而成的各种安全认证猪肉产品轮廓，主要采用Lancaster的消费者效用理论，研究消费者在自身收入约束的限制下，如何选择不同属性组合的安全认证猪肉类别，以实现自身效用的最大化。

现假设Y_{nik}表示实验参与者n在k个情景中从选择集合U的子集v中选择第i个安全认证猪肉轮廓所获得的效用。而消费者安全认证猪肉的消费效用由确定性部分X_{nik}和随机性部分ε_{nik}构成，得到下述算式：

$$Y_{nik} = X_{nik} + \varepsilon_{nik} \tag{1}$$

有且只有当$Y_{nik} > Y_{njk}$，即对任意的$j \neq i$都成立时，实验参与者n才会选择第i种安全认证猪肉轮廓，而消费者选择第i种安全认证猪肉轮廓的概率为：

X_{nik}表示不同属性类别的线性函数，表述如下：

$$X_{nik} = a_n \beta_{nik} \tag{2}$$

a_n表示实验参与者n的分值效用向量，β_{nik}表示在第k个情景下，第i个安全认证猪肉的属性向量。

在对同一个实验参与者做出的多次重复选择进行分析时，可以使用多元Logit（Multinominal Logit，MNL）模型和随机参数Logit（Random Parameters Logit，RPL）模型。由于MNL模型要求实验者的偏好具有同质性，这与本文的假设不相符，而RPL模型允许实验者的偏好存在异质性，因此本文选用RPL模型进行相关研究。

本文进一步假设ε_{nik}服从类型1的极值分布，则实验参与者n在k情境下选择安全认证猪肉i属性的概率的表述可以是：

$$P_{nik} = \int \frac{\exp(X_{nik})}{\sum_j \exp(X_{nik})} f(b_n) d_{b_n} \tag{3}$$

其中，$f(b)$是参数b的概率密度函数。当$f(b)$是离散函数时，可将上式进一步更改为潜在类别分析（Latent Class Model，LCM）模型，进而根据模型和数据的匹配度将拥有相同或相似偏好的实验参与者划分在同一类别，最终将所有实验参与者划分为 t 类。而实验参与者 n 划分在第 t 个类别中并选择第 i 种安全认证猪肉轮廓的概率为：

$$P_{nik} = \sum_{t=1}^{T} \frac{\exp(c_t \beta_{nik})}{\sum_j \exp(c_t \beta_{nik})} R_{nt} \tag{4}$$

式（4）中，c_t 表示 t 类别实验参与者群体的参数向量，R_{nt} 表示实验参与者 n 落入 t 类别的概率，此概率可以表示为：

$$P_{nik} = \frac{\exp(d_t Z_n)}{\sum \exp(d_t \beta_{nik})} \tag{5}$$

Z_n 表示影响某一类别中实验参与者 n 的一系列观测值，d_t 是 t 类别中实验参与者的参数向量。

四　实验设计与样本分析

（一）实验设计

本文在总结国内外学者对安全认证产品的研究结论后，选取消费者在猪肉消费过程中普遍关注的认证水平（无认证、无公害农产品认证、绿色食品认证、有机食品认证）、产地信息（无产地信息、有产地信息）、质量安全保证标签（没有无添加剂和兽药残留标签、有无添加剂和兽药残留标签）和价格（15 元/斤、25 元/斤、40 元/斤）为基本属性进行研究。

对猪肉后腿肉的属性及代码设置详见表 1。

表 1　猪肉腿肉属性与层次设置

属性	属性层次	代码
认证水平	（1）无认证	NOCERT
	（2）无公害农产品认证	AGRCERT
	（3）绿色食品认证	GRECERT
	（4）有机食品认证	ORGCERT

续表

属性	属性层次	代码
产地信息	（1）无产地信息	NOORIGIN
	（2）有产地信息	ORIGIN
质量安全保证标志	（1）没有无添加剂和兽药残留标签	NOLABLE
	（2）有无添加剂和兽药残留标签	LABLE
价格	（1）15 元/斤	PRICE1
	（2）25 元/斤	PRICE2
	（3）40 元/斤	PRICE3

根据本文对安全认证猪肉的属性及属性层次的设定，可形成 $4\times2\times2\times3=48$ 种虚拟的安全认证猪肉产品轮廓。如果将所有安全认证猪肉产品轮廓进行组合，利用全因子设计（Full Factorial Design）可产生 $(4\times2\times2\times3)^2=2304$ 种安全认证猪肉轮廓，显然，让消费者在 2304 种产品组合中做出选择并不现实，并且一般消费者在辨识超过 15 个产品轮廓后就会产生疲劳[21]。为保证实验者的选择效率，避免策略性偏差，本文采用 JMP11.0 软件中的实验设计模块，使用部分因子设计（Fractional Factorial Design）和最终设计功效（D-efficiency）的方法，在确保各类别属性和属性层次分布平衡的前提下，最终确定了 12 种不同的产品组合形成调查问卷。基于 Lusk 等的研究，如果省略“不选项”，在两个选择方案都没有吸引力的情况下，可能会导致消费者被迫做出不真实的选择，扭曲其真实偏好[22]。因此，本次问卷由两个不同的安全认证猪肉选择集和一个“不选项”组成，以期获得更真实的选择情况，提高数据的真实性和有效性。

问卷调查在江苏省和安徽省展开。苏、皖两省位置相邻，均属于华东地区，且两省的经济发展水平有一定差异，居民消费水平和消费习惯也各有不同。因此通过这两个省的消费者可以大致刻画出中国消费者对安全认证猪肉不同属性和属性层次的偏好和购买意愿。为确保样本分布合理、数据真实有效，本次调查遵循分层设计原则，在江苏省 9 个具有代表性的城市（苏南：苏州市、无锡市、常州市；苏中：南通市、扬州市、泰州市；苏北：淮安市、宿迁市、徐州市）和安徽省 3 个具有代表性的城市（皖南：宣城市；皖中：合肥市；皖北：蚌埠市）展开，选取各城市大中型超市、购物商场、大型农贸市场、农副产品专卖店等肉类消费者聚集的地方，对具有猪肉购买经验的消费者展开问卷调查。本次调查共发放问卷 984 份，经筛选剔除无效问卷 140 份，最终回收有效问卷 844 份，其中包括江苏省有效问卷 475 份和安徽省有效问卷 369 份，问卷有效率 85.77%。

（二）样本特征分析

样本消费者的个人特征统计数据如表 2 所示。从性别结构来看，在 844 份有效问卷中，男性为 371 人，女性为 473 人，分别占样本总数的 43.96% 和 56.04%。男女比例基本持平，女性占比略高于男性，这也与实际生活中女性更多从事家庭采买活动相符合。在年龄分布上，被调查者年龄跨度大，基本涵盖全部年龄段，其中 30 岁及以下和 40～49 岁占比最大，分别是 30.21% 和 26.42%。对样本消费者受教育程度的数据进行分析，可以发现初中及以下比重最大，为 29.38%，高中或中专和本科占比相同，都达到 26.07%。由于样本中有多数中老年人消费者，受教育年限在 9 年以下的比例占半数以上可以得到现实解释，而调查对象 30 岁及以下的年轻人占三成以上，因此本科占比较大也可以理解。在家庭年收入方面，年收入达到 8 万以上的家庭占 61.37%，说明大部分被调查对象家庭收入较高。因为调查地点在华东地区，经济发展较快，人民生活水平高，与调查数据情况相符，且收入高的家庭更具备购买安全认证猪肉的能力和条件。在调查样本中，家庭中是否有 18 岁以下未成年人的数据基本持平，没有未成年人的家庭比例略高于有未成年人的家庭比例。

表 2　样本消费者统计特征

统计特征	分类指标	样本数（人）	占比（%）
性别	男	371	43.96
	女	473	56.04
年龄	30 岁及以下	255	30.21
	30～39 岁	151	17.89
	40～49 岁	223	26.42
	50～59 岁	134	15.88
	60 岁及以上	81	9.60

续表

统计特征	分类指标	样本数（人）	占比（%）
受教育程度	初中及以下	248	29.38
	高中或中专	220	26.07
	大专	115	13.63
	本科	220	26.07
	研究生及以上	41	4.86
家庭年收入	5万元及以下	112	13.27
	5~8万元	214	25.36
	8~10万元	256	30.33
	10万元以上	262	31.04
家中是否有18岁以下的未成年人	是	413	48.93
	否	431	51.07

消费者对安全认证猪肉的认知和消费情况如表3所示。消费者对安全认证猪肉的了解程度并不高，仅有17.65%的消费者表示比较了解，而表示非常了解安全认证猪肉的仅占1.78%，有80.57%的消费者不了解甚至对安全认证猪肉感到陌生。但对于猪肉安全问题，大部分人表示比较关注或者非常关注，占比达68.01%。可见目前猪肉安全问题严峻，消费者对此普遍关心。对于农产品质量安全认证标志，超半数的消费者选择比较信任和非常信任，近八成的消费者对安全认证持积极态度。91.59%的消费者表示有购买安全认证猪肉的想法，但仅有57.58%的消费者购买过安全认证猪肉，可见消费者对于购买安全认证猪肉的自述偏好和现实选择一致的比例很低，大多数消费者的自述偏好和现实选择之间差异很大。

表3　消费者对安全认证猪肉的消费行为

变量	分类指标	样本数（人）	比例（%）
对安全认证猪肉的了解程度	非常不了解	101	11.97
	不太了解	376	44.55
	一般	203	24.05
	比较了解	149	17.65
	非常了解	15	1.78

续表

变量	分类指标	样本数（人）	比例（%）
对猪肉安全问题的关注程度	不关注	20	2.37
	不太关注	106	12.56
	一般	144	17.06
	比较关注	383	45.38
	非常关注	191	22.63
对农产品质量安全认证标志的信任程度	非常不信任	16	1.9
	不太信任	170	20.1
	一般	207	24.5
	比较信任	388	46.0
	非常信任	63	7.5
是否有购买安全认证猪肉的想法	是	773	91.59
	否	71	8.41
是否购买过安全认证猪肉	是	486	57.58
	否	358	42.42

五　模型估计与讨论

（一）消费者对安全认证猪肉不同属性的偏好分析

在安全认证猪肉属性及其属性层次设定基础上，本文采用效应代码对各属性层次进行赋值，如表 4 所示。

表 4　变量赋值

主效应变量	变量赋值
绿色食品认证（GRECERT）	GRECERT = 1；AGRCERT = 0；ORGCERT = 0
无公害农产品认证（AGRCERT）	GRECERT = 0；AGRCERT = 1；ORGCERT = 0
有机食品认证（ORGCERT）	GRECERT = 0；AGRCERT = 0；ORGCERT = 1

续表

主效应变量	变量赋值
无认证（NOCERT）	GRECERT = -1；AGRCERT = -1；ORGCERT = -1
有无添加剂和兽药残留标签（LABLE）	LABLE = 1；
没有无添加剂和兽药残留标签（NOLABLE）	NOLABLE = -1
有产地信息（ORIGIN）	ORIGIN = 1
无产地信息（NOORIGIN）	NOORIGIN = -1
价格（PRICE）	PRICE = 15；PRICE = 25；PRICE = 40

协变量	变量赋值	平均数
性别（GENDER）	虚拟变量：男性 = 1，女性 = 0	0.44
年龄（AGE）	连续变量	40.68
受教育程度（EDU）	连续变量（取具体受教育年限）	12.81
家庭年收入（INCOME）	连续变量（万元）	10.27

本文选用 Nlogit 软件中的 Hatlon 算法来对消费者的效用值进行模拟估计，从而进行不同消费者群体对安全认证猪肉各类别属性以及属性层次偏好的定量分析。

表 5 混合 Logit 模型回归结果显示，在主效应中，除了无公害农产品认证外，消费者对绿色食品认证、有机食品认证、有产地信息、有无添加剂和兽药残留标签的偏好都在 1% 的统计水平上显著，由此可证明消费者异质性的存在，也证明在猪肉上标注安全认证标志、添加产地信息和标明无添加剂和兽药残留可以有效提升消费者对猪肉安全的信任，为处于信息不对称弱势一方的消费者提供更多可以进行判断的依据，对提高消费者的购买意愿和购买行为都有积极影响。在认证水平的属性中，相比于无认证信息，有机食品认证的系数最大，达到 0.5393，其次是绿色食品认证，系数为 0.4111。这表明消费者对有机食品认证有更高的偏好，这可能与有机食品认证的食品安全级别最高有关，也从侧面说明消费者对安全系数高的猪肉有更高的消费意愿。另外，在消费者安全认证猪肉购买意愿中，价格因素在 1% 的水平上呈现负向显著。可见价格是消费者猪肉安全消费中一个重要的考量因素，而安全认证猪肉相比于普通猪肉普遍存在溢价，因此消费者可能因为价格原因放弃购买安全认证猪肉。

表 5　混合 Logit 模型参数估计结果

变量	估计系数	标准误	95% 置信区间	
不选项（Opt Out）	-1.9257***	0.0482	-2.0201	-1.8313
价格（PRICE）	-0.0446***	0.0016	-0.0478	-0.0415
无公害农产品认证（AGRCERT）	0.1819	0.1349	-0.0824	0.4462
绿色食品认证（GRECERT）	0.4111***	0.1394	0.1379	0.6844
有机食品认证（ORGCERT）	0.5393***	0.12	0.3041	0.7745
有产地信息（ORIGIN）	0.2688***	0.0752	0.1215	0.4161
有无添加剂和兽药残留标签（LABLE）	0.4621***	0.0807	0.3039	0.6203
交叉项				
无公害×性别（AGRCERT×GENDER）	-0.0139	0.0546	-0.1209	0.0931
无公害×年龄（AGRCERT×AGE）	-0.0047	0.0252	-0.0541	0.0448
无公害×受教育程度（AGRCERT×EDU）	-0.0056	0.0268	-0.0581	0.0469
无公害×收入（AGRCERT×INCOME）	0.0185	0.0271	-0.0347	0.0716
绿色×性别（GRECERT×GENDER）	-0.0014	0.0567	-0.1126	0.1097
绿色×年龄（GRECERT×AGE）	-0.0249	0.0261	-0.076	0.0262
绿色×受教育程度（GRECERT×EDU）	-0.0109	0.0279	-0.0655	0.0438
绿色×收入（GRECERT×INCOME）	0.0861***	0.0279	0.0313	0.1408
有机×性别（ORGCERT×GENDER）	0.0268	0.0486	-0.0685	0.1221
有机×年龄（ORGCERT×AGE）	-0.0593***	0.0224	-0.1033	-0.0153
有机×受教育程度（ORGCERT×EDU）	-0.0053	0.0239	-0.0521	0.0414
有机×收入（ORGCERT×INCOME）	0.0594**	0.0241	0.0122	0.1066
产地×性别（ORIGIN×GENDER）	0.0108	0.0305	-0.0491	0.0706
产地×年龄（ORIGIN×AGE）	-0.0245*	0.0141	-0.0521	0.0031
产地×受教育程度（ORIGIN×EDU）	-0.013	0.015	-0.0423	0.0164
产地×收入（ORIGIN×INCOME）	0.0737***	0.0151	0.0441	0.1033
标签×性别（LABEL×GENDER）	-0.0268	0.0327	-0.0909	0.0374
标签×年龄（LABEL×AGE）	-0.0057	0.0151	-0.0353	0.0239
标签×受教育程度（LABEL×EDU）	-0.0088	0.0161	-0.0403	0.0228
标签×收入（LABEL×INCOME）	0.0646***	0.0162	0.0329	0.0964

续表

观测样本量	844
log likelihood	-8830.6405
McFadden R^2	0.2271
AIC	17715.3

注：***、** 和 * 分别表示估计系数在 1%、5% 和 10% 的统计水平上显著。

在安全认证猪肉各属性交互效应的实验中，家庭年收入与绿色食品认证、有产地信息和有无添加剂和兽药残留标签分别的交互效应均在 1% 的统计水平上显著且为正，系数分别为 0.0861、0.0737 和 0.0646，说明高收入家庭偏好选择有绿色食品认证、有产地信息和有无添加剂和兽药残留标签的猪肉，且对绿色食品认证的偏好最为强烈。有机食品认证和年龄的交互效应在 1% 的水平上显著为负，而有机食品认证和家庭年收入的交互效应在 5% 的水平上显著为正。这说明年轻的消费者和收入高的家庭更有可能购买标有有机食品认证标签的猪肉。在产地信息和年龄的交互中，其交互效应在 10% 的水平上显著为负，说明相比于年纪稍大的消费者，年轻人在购买猪肉时更关注产地信息。总体来说，各属性层次与家庭年收入和年龄的交叉项效应显著，而与性别、受教育程度的交叉项效应结果不显著。

（二）消费者安全消费非理性均衡的影响因素分析

在问卷调查中，研究设定了“您是否有选择购买安全认证猪肉的想法”和“您在日常生活中购买过安全认证猪肉吗”两个问题来测度消费者对安全认证猪肉的购买意愿和购买行为。为方便实验数据处理，本文将调查愿意购买并有实际购买行为设定为 $y=1$，将愿意购买但没有实际购买行为设定为 $y=0$，以此作为 Logit 回归模型分析的因变量。

表 6 变量定义与说明

变量符号	定义
GENDER	男性 =1；女性 =0
AGE	1~5：1 表示 30 岁及以下；2 表示 30~39 岁；3 表示 40~49 岁；4 表示 50~59 岁；5 表示 60 岁及以上

续表

变量符号	定　义
EDU	1～5：1 表示初中及以下；2 表示高中（包括职高）；3 表示大专；4 表示本科；5 表示研究生及以上
INCOME	1～4：1 表示 5 万元及以下；2 表示 5 万～8 万元；3 表示 8 万～10 万元；4 表示 10 万元及以上
KID	家中有 18 岁以下小孩 =1；家中没有 18 岁以下小孩 =0
UNDERSTAND	1～5：1 表示非常不了解；2 表示不太了解；3 表示一般；4 表示比较了解；5 表示非常了解
FOLLOW	1～5：1 表示不关注；2 表示不太关注；3 表示一般；4 表示比较关注；5 表示非常关注
TRUST	1～5：1 表示非常不信任；2 表示不太信任；3 表示一般；4 表示比较信任；5 表示非常信任
Y1	愿意购买安全认证猪肉的想法：愿意 =1；不愿意 =0
Y2	购买安全认证猪肉：购买 =1；没有购买 =0

本文假定消费者对安全认证猪肉的购买意愿和实际购买行为与消费者的个体基本特征、家庭特征以及消费者对农产品质量安全认证标志的信任程度、消费者对安全认证猪肉的信任程度和关注程度相关，并将消费者的性别、年龄、受教育程度、家庭年收入和家中是否有 18 岁以下的小孩设置为标志变量。根据表 6，可得二元 Logit 回归模型：

$$LOG[P(Y1)P(Y2)] = \beta 1 gender + \beta 2 age + \beta 3 education + \beta 4 income + \beta 5 kid + \varepsilon i \quad (6)$$

从表 7 模型估计结果可知，消费者对安全认证猪肉购买意愿和购买行为的不一致现象受诸多因素的影响。其中，性别和对安全认证猪肉的了解程度的检验值在 1% 的检验水平上显著，年龄、家庭年收入和对猪肉质量安全问题的关注程度在 10% 的检验水平上显著。

表 7　消费者购买安全认证猪肉影响因素的二元 Logit 回归模型估计结果

变量	B	Wals	Sig.	Exp（B）	EXP（B）的 95% C. I.	
					下限	上限
性别	－0.536	11.165	0.001***	0.585	0.427	0.801
年龄	0.162	4.318	0.038**	1.176	1.009	1.370

续表

变量	B	Wals	Sig.	Exp（B）	EXP（B）的95% C. I.	
					下限	上限
受教育程度	0.041	0.265	0.607	1.042	0.891	1.218
家庭年收入	0.138	2.947	0.086*	1.148	0.981	1.344
家中是否有18岁以下小孩	-0.065	0.163	0.686	0.937	0.683	1.285
对农产品质量安全认证标志的信任程度	0.227	6.743	0.009***	1.255	1.057	1.489
对安全认证猪肉的了解程度	0.614	43.692	0.000***	1.848	1.541	2.218
对猪肉质量安全问题的关注程度	0.138	2.917	0.088*	1.148	0.980	1.345

注：***、**和*分别表示相关关系在1%、5%和10%的统计水平上显著。

从回归系数看，对于消费者安全认证猪肉购买意愿和购买行为一致性的影响，年龄、家庭年收入、对农产品质量安全认证标志的信任程度、对安全认证猪肉的了解程度和对猪肉质量安全问题的关注程度的估计系数均为正。首先，消费者对安全认证猪肉的了解程度对消费者安全消费意愿与行为一致性的影响最大，当消费者对安全认证猪肉的了解程度上升一个层次，其安全消费一致性的可能性将增加61.4%，即使消费者存在安全消费购买意愿同时产生购买行为的可能性上升明显。其次，对农产品质量安全认证标志的信任程度、年龄、家庭年收入和对猪肉质量安全问题的关注程度，其分别上升一个层次，消费者安全消费意愿和行为一致的可能性分别上升22.7%、16.2%、13.8%和13.8%。值得注意的是，性别对消费者安全消费意愿和行为一致性影响的估计系数为负，这说明女性消费者更容易将安全认证猪肉购买意愿付诸实践，而男性消费者将购买意愿转化为购买行为的可能性相对较小。

六 结论与启示

本文选择猪肉作为安全认证农产品的典型代表，通过苏、皖两省844位消费者的调查数据，对消费者的安全消费意愿和购买行为进行了分析和研究，得出的主要结论如下。

第一，目前大部分消费者比较关注甚至非常关注猪肉的安全问题，但与之形成反差的是，消费者对安全认证猪肉的了解程度并不是很高，绝大部分消费者不了解安全认证猪肉甚至对此感到陌生。在被调查的消费者中，超过 90% 的消费者表示有购买安全认证猪肉的想法，但是只有一半的消费者将意愿化为行动，真正购买了安全认证猪肉。可见，消费者对购买安全认证猪肉的自述偏好和现实选择一致的比例很低，大多数消费者的自述偏好和现实选择之间差异很大，存在安全消费的“非理性均衡”。

第二，消费者对绿色食品认证、有机食品认证、有产地信息、有无添加剂和兽药残留标签的偏好都在 1% 的统计水平上显著，证明在猪肉上标注安全认证标志、添加产地信息和标明无添加剂和兽药残留可以有效提升消费者对猪肉安全的信任，为处于信息不对称弱势一方的消费者提供更多可以进行判断的依据，对提高消费者的购买意愿和购买行为有积极影响。价格和年龄因素是导致消费者安全消费“非理性均衡”的主要影响因素。由于安全认证猪肉存在普遍溢价，一部分消费者在收入约束下会放弃对安全认证猪肉的购买。而年长的消费者对安全认证猪肉各方面的信息接收有限，对安全认证标志的信任度和接受能力也低于年轻消费者，但年长消费者又是猪肉购买的主力人群，因此消费者安全认证猪肉购买意愿和购买行为之间的不一致现象更为突出。

第三，消费者对安全认证猪肉购买意愿和购买行为的不一致现象受诸多因素的影响。消费者的年龄、家庭年收入、对安全认证猪肉的了解程度和对猪肉质量安全问题的关注程度对消费者安全消费行为的一致性产生正向影响，其中消费者对安全认证猪肉的了解程度的影响最大，其次是年龄、家庭年收入和对猪肉质量安全问题的关注程度。消费者的性别对消费者安全消费意愿和行为一致性的影响为负向显著，这说明女性消费者更容易将安全认证猪肉购买意愿付诸实践，而男性消费者将购买意愿转化为购买行为的可能性相对较小。

本研究以安全认证猪肉为实验对象，探索消费者的安全消费影响因素和产品安全属性层次偏好。上述研究结论对改进完善其他品类的安全认证产品市场同样具有重要的参考价值和借鉴意义。

第一，鉴于消费者对安全认证产品巨大的潜在市场需求，政府可以借助电视、广播、报纸、网络等加大对安全消费理念和安全认证产品的宣传力度，提高公众对安全认证理念和产品的认知，引导公众关注、了解并最终购买安全认证产品。另外，要积极鼓励和引导食品生产者、加工者、销售者对安全认证食品市场的参与程度，提高其安全认证产品生产积极性。同时，加大对食品安全的监管力度，提高消费者对安全认证信息的接受度和信任程度。

第二，鉴于消费者对食品安全的关注程度和要求日益提高，并且对不同质量的安全属性层次存在偏好的异质性，政府应及时调整我国市场上安全认证产品结构性失调的现状，引导生产者把握机遇，根据消费者的偏好和需求，适时调整安全认证产品的生产，以满足不同层次的消费需求。又因为受到收入水平的制约，大多数消费者对安全认证产品的价格比较敏感，因此可以循序推进安全认证产品市场建设，政府多采取政策引导而非强制干预手段，尽可能发挥市场的决定性作用。

第三，在食品搜寻属性特征中加入安全认证标签、产地信息、无添加剂和兽药残留标签等信息可以有效提升消费者安全消费的购买意愿和购买行为。因此，政府鼓励生产者在安全食品属性中引入安全认证信息、产地信息等属性是可行的。但鉴于目前安全食品市场同时存在政府失灵和市场失灵的现象，政府可以鼓励发展第三方认证机构，努力规范食品安全认证市场，确保健康有序竞争。

第四，现代媒体为追求曝光度和吸引力，更多报道不安全事件，由此加剧了消费者对食品安全的恐慌和不信任，进而对正向的媒体报道信息产生怀疑。因此政府要引导媒体在客观报道食品安全问题事件的同时，加大对安全消费和安全认证产品的正面宣传，传递正确的消费导向，充分发挥媒体的信息引导作用。

第五，由于安全食品溢价普遍存在，众多有购买意愿的消费者望而却步。政府可以促进生产企业与科学院校的合作，加强技术的开发和运用，降低安全认证食品生产过程中的成本。同时，政府要科学合理地设定财政资金补贴方案，在保证生产者基本收益、激发其生产积极性的同时，兼顾政策效率最高和社会福利最大的目标，致力于将价格控制在相对合理的范围，促进安全认证产品的价格合理化。

参考文献

[1] Krom, M. P., "Understanding Consumer Rationalities: Consumer Involvement in European Food Safety Governance of Avian Influenza," *Sociologia Ruralis*, 2008, 49 (1): 1－19.

[2] 秦沙沙:《基于不同属性的可追溯猪肉消费者偏好与消费市场模拟研究——以无锡市消费者为例》,博士学位论文,江南大学,2016。

[3] 黄守坤:《非理性消费行为的形成机理》,《商业研究》2005 年第 10 期。

[4] Loomis, J., "An Investigation into the Reliability of Intended Visitation Behavior," *Environmental and Resource Economics*, 1993, 03 (2).

[5] Verhoef, P. C., Franses, P. H., "Combining Revealed and Stated Preferences to Forecast Customer Behavior: Three Case Studies," *International Journal of Market Research*, 2003, 45 (4).

[6] 张利国、徐翔:《消费者对绿色食品的认知及购买行为分析——基于南京市消费者的调查》,《现代经济探讨》2006 年第 4 期。

[7] 曾寅初:《消费者对绿色食品的购买与认知水平及其影响因素——基于北京市消费者调查的分析》,《消费经济》2007 年第 1 期。

[8] 叶燕:《基于食品安全的消费行为及支付意愿研究——以有机茶和普通茶的对比消费为例》,《中国科技信息》2007 年第 19 期。

[9] 谢敏:《从市场失灵角度对食品安全问题的分析》,《消费经济》2007 年第 23 期。

[10] 王丽芳:《论信息不对称下产品外部线索对消费者购买意愿的影响》,《消费经济》2005 年第 2 期。

[11] 全世文、于晓华、曾寅初:《我国消费者对奶粉产地偏好研究——基于选择实验和显示偏好数据的对比分析》,《农业技术经济》2017 年第 1 期。

[12] Ortega, D. L., Hong, S. J., Wang, H. H., et al, "Emerging Markets for Imported Beef in China: Results from a Consumer Choice Experiment in Beijing," *Meat Science*, 2016, 121.

[13] Wägeli, S., Janssen, M., Hamm, U., "Organic Consumers' Preferences and Willingness-to-pay for Locally Produced Animal Products," *International Journal of Consumer Studies*, 2016, 40 (3).

[14] 张振、乔娟、黄圣男:《基于异质性的消费者食品安全属性偏好行为研究》,《农业技术经济》2013 年第 5 期。

[15] Smith, T. A., Huang, C. L., Lin, B. H., "Does Price or Income Affect Organic Choice? Analysis of US Fresh Produce Users," *Journal of Agricultural and Applied Economics*, 2009, 41.

[16] 陈璐:《基于食品安全认知的消费者食品消费行为研究》,博士学位论文,湖南农业大学,2012。

[17] 王志刚、李腾飞:《大城市消费者安全液态奶的支付意愿及影响因素研究——来自北京、天津和石家庄的证据》,"农产品质量安全与现代农业发展专家论坛",2011。

[18] 周洁红:《消费者对蔬菜安全的态度、认知和购买行为分析——基于浙江省城市和城镇消费者的调查统计》,《中国农村经济》2010年第11期。

[19] McFadden, D., "Conditional Logit Analysis of Qualitative Choice Behavior," *Frontiers in Econometrics*, 1974.

[20] Lancaster, K. J., "A New Approach to Consumer Theory," *Journal of Political Economy*, 1996, 4 (2).

[21] Allenby, G. M., Rossi, P. E., "Marketing Models of Consumer Heterogeneity," *Journal of Econometrics*, 1998, 89 (1-2): 57-78.

[22] Lusk, J. L., Schroeder, T. C., "Are Choice Experiments Incentive Compatible? A Test with Quality Differentiated Beef Steaks," *American Journal of Agricultural Economics*, 2004, 86 (2).

食品供应链与风险防范

稻农化肥农药减量增效技术配套服务需求分析

——基于601户农户的实证研究*

李　琪　李　凯　杨万江**

摘　要： 减少化肥农药用量是降低我国粮食生产成本、加速粮食产业绿色转型、提升粮食产业竞争力的必然选择。“大国小农”是我国的基本国情与农情，以家庭为基本生产单位的农户仍是我国农业发展的基本面和基础力量。化肥农药减量增效技术的推广必须以社会化服务发展为支撑，通过配套服务降低农户的学习成本，提高技术的易用性，为农户技术采纳创造条件。本文基于浙江省和江苏省601户水稻种植农户的调研数据，利用Kano模型识别农户对各项化肥农药减量增效技术配套服务的需求强度与优先顺序。结果表明，稻农对植保信息服务、供种供秧服务和统防统治服务的需求最迫切，其次是技术培训和技术指导服务，而对物资信息服务和测土信息服务的需求并不大。鉴于减量增效技术配套服务在地区层面具有一致性，本文进一步利用多层线性模型，从地区和农户两个层面对农户配套服务需求的驱动因素进行分析。结果表明，对技术采纳水平较低的农户而言，村级层面的经济发展水平，以及个体层面的生产成本、生产面积、家庭劳动力数量和技术难度认知显著影响农户的服务需求。对技术采纳水平较高的农户而言，村级层面的服务可得性以及个体层面的技术难度

* 本文是教育部人文社会科学重点研究基地重大项目“城乡发展一体化背景下的新型农业经营体系构建研究（16JJD630007）”阶段性研究成果。

** 李琪，博士，曲阜师范大学食品安全与农业绿色发展研究中心讲师，主要从事农业绿色发展等方面的研究；李凯，博士，曲阜师范大学食品安全与农业绿色发展研究中心副教授，主要从事食品安全与农业绿色发展等方面的研究；杨万江，博士，浙江大学教授，主要从事农业绿色发展等方面的研究。

认知、生产面积显著影响农户的服务需求。鉴于此，应重点抓好农户最需要的植保信息、统防统治和供种供秧服务并落实各类补贴措施，并且针对不同技术采纳水平的农户分别完善配套服务供给与体系建设。

关键词： 化肥农药减量增效技术　生产性服务　需求强度　Kano 模型　多层线性模型（HLM）

一　引言

推进粮食生产转型、增加绿色优质粮食供给是新形势下我国粮食安全战略的必然选择。作为占比最高的口粮作物，水稻生产的化肥农药滥用问题非常突出[1~4]，在稻农中推广化肥农药减量增效技术迫在眉睫。然而，减量增效类绿色生产技术对生产要素和生产管理的要求普遍较高[5]，农户需要付出更多的技术跃迁成本，如学习成本、交易成本来满足技术要求[6]，生产成本和技术采纳风险更高[7~8]。生产面积小、生产能力弱的稻农难免会对这些新技术持谨慎态度，从而在很大程度上抑制了技术的推广。鉴于此，有学者提出发展生产性服务是促进减量增效类绿色生产技术采纳的重要方式[9~13]，通过推进减量增效技术配套服务的建设，为农户创造技术采纳条件，提高技术易用性。2017 年农业部《关于加快发展农业生产性服务业的指导意见》中强调，发展农业生产性服务需要积极拓展服务领域，尤其是要在绿色高效生产技术服务领域有所突破。鉴于此，有必要精确识别农户对减量增效技术配套服务的需求，实现服务供给与需求量上的平衡和结构上的匹配。

国内外学者针对农户服务需求问题展开了丰富的研究[14~17]。王瑜等分析表明，我国种植业农户最需要政府提供的是自己急需但不愿意付费或无法付费的农技服务，外部性强的公共产品需要由政府决策和免费提供[18]。庄丽娟等利用荔枝产区的数据研究发现，农户最偏好技术服务、销售服务和农资购买服务，农户自身特征和服务信息来源对服务需求有显著影响[19]。李荣耀等利用 15 个省份的调查数据表明，种植业农户对种苗提供、农产品销售等服务的需求最迫切，地区、收入水平、是否为合作社成员、受教育水平和经营类型等因素都会对需求顺序产生影响[20]。总体来看，受到样本、服务内容和识别方法差异的影响，有关农户对服务需求顺序和需求强度的研究结论各不相同。同时，现有微观层面的考察针对的多是一般性生产过程，缺少特定生产背景或者生产技术配套性服务需求分析，仅有张露等[21]研究了在气候灾害后这一背景下农户对气候灾害响应型生产性公共服务的需求问题。

鉴于此，本文以水稻产业为例，围绕稻农减量增效技术配套服务的需求问题，首先识别稻农在减量增效技术领域迫切需要获得哪些配套服务，其次分析配套服务需求受到哪些因素驱动，以促进农户对化肥农药减量增效技术的采纳。本研究的创新点在于，尝试将产品质量管理领域的 Kano 模型引入农户对减量增效技术配套服务需求的分析，更精确地识别农户对各项服务的需求强度和优先顺序。同时尝试将多层线性模型（HLM）运用于农户对配套服务需求的影响因素分析中，能够结合农户样本的多层结构特征，同时揭示所在村级或者乡镇生产性服务发展水平、供给情况和推广政策等地区性因素对农户配套服务需求的影响。

二 水稻化肥农药减量增效技术配套服务内容识别

本文利用专家咨询和农户深度访谈法，基于水稻化肥农药减量增效技术①属性和实施要求，提出了 8 项水稻化肥农药减量增效技术配套服务项目及其服务内容（见表 1）。本文所提出的各项服务包括实施水稻化肥农药减量增效技术所需要的农业信息和技术培训等基础性、普惠性服务，解决了农户“做不到”的难题，也提高了稻农在育秧、植保等环节的生产质量和生产效率，解决了农户“做不好”的问题。鉴于农业信息发布等环节的服务具有强烈的正外部性[21]，因此需要借助政府的力量，由政府或者准政府部门直接提供公益性服务，或者通过政府订购、定向委托等方式向专业服务公司、农民合作社、专业服务队购买统防统治、植保服务等经营性服务。

---

① 本文所指的水稻化肥农药减量增效技术主要包括有机肥（沼液）和化肥配施技术、秸秆还田技术、施用缓释肥技术、机械侧深施技术、测土配方技术、控肥减害技术、种植显花植物/诱虫植物技术、释放赤眼蜂技术、性诱器诱捕技术和使用高效植保机械技术等。

表1　水稻化肥农药减量增效技术配套服务

服务项目	服务内容与服务方式	服务意义
统一供种供秧	种粮大户、粮食合作社等与农户签订合同，采用统一抗病虫害品种，按照规范化技术要求统一育秧并提供给农户，政府为接受服务的农户以及提供服务的组织提供补贴	有助于推广减药品种，减少育秧成本，提高育秧质量
农业技术培训与技术指导	政府举办减量增效技术培训班、示范区现场学习会等，并由农技人员进行田间和入户指导	有助于转变农户化肥、农药施用观念，为农户提供认识、学习和掌握减量增效技术的渠道
植保信息服务	由农业行政主管部门所属的农作物病虫测报机构来监测、预报和发布水稻病虫害情况	有助于规范农户农药使用行为，减少施药次数，提高减药技术效果
测土信息服务	政府农技推广人员采集和分析所在区域土壤养分，公布土壤养分信息，并发放配方施肥建议卡	有助于农户调整肥料配方，减少不必要的化肥投入，提高施肥效果
农资信息服务	政府相关部门为农户提供优质种子、农药和化肥的品种种类、购买渠道、销售价格等市场信息	有助于推广优质化肥农药物资，减少农户的搜寻成本
农资统购服务	政府通过统一招标采购优质的农药、化肥、有机肥，按照各地政府的补贴标准，以差价形式对农户进行直接补贴，也可结合物资的统一标识、统一价格与统一配送服务	有助于争取低于市场价格的优惠价格，且从源头堵塞假冒伪劣农资商品进入市场，保证产品质量
免费物资服务	政府免费向农户发放减量增效技术需要的香根草、向日葵和芝麻的种子等物资	有利于减少农户的技术采纳成本
统防统治服务	种粮大户、合作社或者专业植保组织等与农户签订合同，组建机防队伍，利用高效植保机械为农户提供融合绿色防控技术的承包服务，政府对接受服务的农户和提供服务的主体提供补贴	有助于减少植保成本、提高植保质量和绿色防控技术使用率

三　基于Kano模型的稻农配套服务需求分析

（一）研究方法

Kano模型是由日本质量管理专家狩野纪昭（Noriaki Kano）等[22]在赫

兹伯格双因素理论基础上提出的，用于考察产品或服务质量属性在提供和不提供两种情境下的个体态度，从而识别对产品或服务的需求类型。相比传统的分类方法，Kano 模型能够通过精确识别个体对产品或服务的态度变化来深入挖掘个体对服务的需求强度与优先顺序[23~24]。根据农户在服务“提供”或“不提供”情形下的态度选择，Kano 模型将农户对服务的需求划分为以下 5 类：①必备型需求（Basic Quality），农户认为提供该项服务是政府应该履行的责任，如果政府不积极提供此项服务会引起农户的不满；②期望型需求（Performance Quality），如果农户获得该项服务会提高满意度，反之会引起明显不满；③魅力型需求（Excitement Quality），如果农户获得该项服务会提高满意度，反之不会明显不满；④无差异型需求（Indifferent Quality），无论农户是否能够获得该项服务，农户的态度没有明显差别；⑤反向型需求（Reverse Quality），如果获得了该项服务反而会导致农户的反感。根据农户对各项配套服务需求的选择比重来确定需求类型。

在识别各项服务需求类型后可再根据 Berger[25] 提出的 Better-Worse 系数来评价农户对每项服务的满意度。Better 系数是指农户可以获得某项服务时满意度的提升，通常为正，越接近于 1，农户满意度提升越大；Worse 系数是指农户不能获得某项服务时满意度的下降，通常为负，越接近于 -1，农户满意度下降越大。Better-Worse 系数即为两者之差，计算公式如下：

$$C_{Better} = (P_E + P_P)/(P_E + P_P + P_I + P_B) \tag{1}$$

$$C_{Worse} = -(P_P + P_B)/(P_E + P_P + P_I + P_B) \tag{2}$$

$$C_{B-W} = C_{Better} - C_{Worse} \tag{3}$$

（二）数据来源

本文数据来源于 2017 年 7 ~ 10 月对浙江省和江苏省水稻种植户进行的调查。调查在浙江省和江苏省内分别选取较早推广水稻化肥农药减量增效技术的 6 个县区和 2 个县区，然后在各个县区抽取 6 ~ 9 个村，每村随机抽样调查农户 10 ~ 13 户。调查通过一对一的方式进行，共回收问卷 638 份，其中有效问卷 601 份，有效率为 94.20%。

（三）模型结果与分析

稻农化肥农药减量增效技术配套服务需求的识别结果表明（见表 2），统一供种供秧、统防统治和提供免费物资属于魅力型服务，农户非常希望获得这些服务，但如果没有得到也是可以接受的。技术培训与技术指导和植保信息服务属于期望型服务，获得这两项服务能够提高农户的满意度，一旦缺少这两项服务则会引起农户的不满。测土信息、农资信息和农资统购服务属于无差异型服务，对于获得或者没有获得服务，农户不会表现出明显的满意或者不满意。

各项配套服务的 Better-Worse 系数排序结果见表 3。稻农最需要的前三项服务分别为植保信息、统防统治和供种供秧服务，Better-Worse 系数均超过了 1.100，可见农户在实践减量增效技术的过程中最需要植保和育秧方面的服务。植保环节技术含量高，由于一般农户难以准确把握防治期，防治方法相对落后，难免会出现防治效果不佳和人力成本过高，因此农户依赖政府提供的地区病虫害疫情信息服务来调整施药次数和施药结构，并且依赖统防统治服务来减少植保投入、提高植保质量。同样情况的还有育秧环节，完整的育秧过程成本可以高达 100 元/亩以上，掌握不好育秧时间和育秧技术还容易出现稻种冻死、烧死的情况，因此农户希望通过专业化的供种供秧服务来提高秧苗质量和成秧率。相比于植保和育秧服务，农户对技术培训服务的需求略有降低，由于很多农户将提供技术培训看作政府的基本义务，因此相比于提供服务带来的满意感，农户对政府不提供技术培训服务的不满更为强烈。稻农对物资服务，包括免费物资服务和农资统购服务的需求要低于对植保、育秧和技术培训服务的需求。农户会对政府不提供香根草种子等物资表示不满，却不会因为没有统一采购服务而不满，主要是因为随着农资市场的发展，农资购买渠道逐渐多元化，除了统一采购，农户可以通过厂家直销、连锁店等多种渠道便捷地获得物资。稻农对农资信息服务和测土信息服务的响应并不积极，尤其是对测土信息服务的需求程度最低，一是因为农户对调整施肥结构能够带来的好处感受不深，二是因为测土配方技术本身还存在配土成本较高、配方肥效果较差的问题。

表 2　稻农减量增效技术配套服务的需求分类结果

服务项目	必备型	魅力型	期望型	无差异型	反向型	最终结果
供种供秧服务	54	233	187	126	1	魅力型
技术培训与技术指导服务	125	157	182	134	3	期望型
植保信息服务	83	180	209	129	0	期望型
测土信息服务	52	166	99	281	3	无差异型
农资信息服务	47	172	108	270	4	无差异型
农资统购服务	54	205	113	228	1	无差异型
统防统治服务	41	238	197	125	0	魅力型
免费物资服务	61	223	152	165	0	魅力型

表 3　稻农减量增效技术配套服务需求的 Better-Worse 系数结果

服务项目	Better 系数	Worse 系数	Better-Worse 系数	排序
植保信息服务	0.647	-0.486	1.133	1
统防统治服务	0.724	-0.396	1.120	2
供种供秧服务	0.700	-0.402	1.102	3
技术培训与技术指导服务	0.567	-0.513	1.080	4
免费物资服务	0.624	-0.354	0.978	5
农资统购服务	0.530	-0.278	0.808	6
农资信息服务	0.469	-0.260	0.729	7
测土信息服务	0.443	-0.253	0.696	8

四　基于多层线性模型的配套服务需求影响因素分析

（一）研究方法与模型构建

本节采用多层线性模型来分析稻农配套服务需求的影响因素，揭示村庄和农户两个层面因素对农户服务需求的影响。采用多层线性模型的原因是，稻农对配套服务的需求不仅与个体因素相关，还会受所在地区层面生产性服务发展水平的影响，生产性服务发展水平在村级或者乡镇文化、经济发展背景的影响下呈现明显的地区性差异，但同一地区农户所能获得的服务具有一致性。此外，稻农样本利用多层次抽样方法采集，具有典型的多层结构数据特征。然而一般线性回归模型在处理含有多层影响因素的数据时没有考虑地区性的问题，通常采用“集中”或者“分解”两种方式简化多层问题，遗漏相同环境下个体存在的一种共享经验和情景，违背了线性回归模型残差独立的基本假设。1972 年，Lindley 和 Smith 率先提出了多层线性模型（Hierarchical Linear Models，HLM）概念[26]，通过将传统线性模型随机变异分解为“组间变异”和“组内变异”的方法，有效区分个体层面和背景层面因素对个体的影响，适用于对具有多层结构的数据进行分析[27]。

多层线性模型可以分为零模型（The Null Model）和完整模型（The Full Model）两部分，在零模型和完整模型中分别将第一层模型（个体层面）的截距和斜率作为第二层模型（地区层面）的因变量，并对第二层模型的自变量进行回归分析。零模型中不加入任何解释变量，将个体总方差分解为来自同一群体的“组内变异”和来自不同群体之间的“组间变异”，判断各层次是否对因变量产生显著影响，若均有影响则可以构建完整模型。完整模型中包括第一层和第二层的所有解释变量，分别检测两层解释变量的影响以及跨层级的交互影响。综合模型见式（4）至式（12）。

零模型：

第一层模型：

$$Y_{ij} = \beta_{0j} + r_{ij} \tag{4}$$

$$\mathrm{Var}(r_i) = \sigma^2 \tag{5}$$

第二层模型：

$$\beta_{0j} = \gamma_{00} + u_{0j} \tag{6}$$

$$\mathrm{Var}(u_{0j}) = \tau_{00} \tag{7}$$

完整模型：

第一层模型：

$$Y_{ij} = \beta_{0j} + \beta_{1j}X_{1ij} + r_{ij} \tag{8}$$

第二层模型：

$$\beta_{0j} = \gamma_{00} + \gamma_{01} W_{1j} + u_{0j} \tag{9}$$

$$\beta_{1j} = \gamma_{10} + \gamma_{11} W_{1j} + u_{1j} \tag{10}$$

$$\mathrm{Var}(u_{0j}) = \tau_{00} \tag{11}$$

$$\mathrm{Var}(u_{1j}) = \tau_{11} \tag{12}$$

在式（4）至式(12）中，Y_{ij}代表因变量。β_{0j}是第一层模型的截距项，β_{1j}是第一层模型的斜率，r_{ij}是第一层模型的残差项。γ_{00}为第二层模型式（9）的截距项，γ_{01}是第二层模型式（9）的斜率，u_{0j}是第二层模型式（9）的残差项。γ_{10}为第二层模型式（10）的截距项，γ_{11}是第二层模型式（10）的斜率，u_{1j}是第二层模型式（10）的残差项。X_{1ij}为第一层模型的自变量，W_{1j}为第二层模型的自变量。

参考张露等[21]的研究，本文用必备型和期望型服务的总数来代表农户服务需求强度。结合相关研究结论[28~31]，农户层面的自变量包括生产面积、家庭劳动力数量、生产经验、家庭兼业情况、水稻生产成本和农户技术难度认知。村级层面的自变量包括经济发展水平和生产性服务可得性，分别利用平均雇工价格和本地提供的服务数量来表示。具体变量说明见表4。实证分析的综合模型可表示为：

$$\begin{aligned} Nec = {} & \gamma_0 + \gamma_{01} Pri + \gamma_{02} Avai + \gamma_{10} Year + \gamma_{20} Area + \gamma_{30} Cost + \gamma_{40} Lab + \\ & \gamma_{50} Bus + \gamma_{60} Reg + \gamma_{61} Avai \times Reg + u_0 + r \end{aligned} \tag{13}$$

在式（13）中，一系列γ代表各项影响因素对服务需求强度估计系数，r为随机扰动项，服从独立正态分布。

（二）描述性分析

从描述性分析结果来看（见表4），样本农户的平均需求强度为2.93，在8类服务中平均有3种为必备型或期望型服务。服务需求的整体水平并不高，一方面是因为农户对配套服务的内在期望不足，另一方面是因为农户习惯了长期以来自给自足的生产方式。农户生产经验丰富，生产面积较大，并且大部分已经不以种稻作为唯一收入来源。种稻的平均生产成本接近1000元/亩，平均雇工价格达到122元/亩。仅有23%的农户认为减量增效技术难以掌握，可见技术掌握难度不是大部分农户不采纳减量增效技术的阻碍。

表 4　变量说明与描述性分析

变量	变量说明	单位	平均数	方差
需求强度（Nec）	必备型和期望型服务总数	个	2.93	1.78
农户层面				
生产经验（Year）	家庭决策者种植水稻年数	年	25.50	16.13
生产面积（Area）	水稻种植面积	亩	64.18	112.25
生产成本（Cost）	水稻生产成本	元/亩·季	990.06	461.54
种稻劳动力数量（Lab）	种稻劳动力数量	人	2.96	1.37
家庭兼业水平（Bus）	非农收入占家庭总收入比重	%	37.90	32.16
技术认知（Reg）	减量增效技术是否难以掌握	0 = 否；1 = 是	0.23	0.42
村级层面				
经济发展水平（Pri）	本地区平均雇工价格	元/工日	122.04	56.87
服务可得性（Avai）	本地区提供的配套服务项目数量	项	3.36	1.50

（三）模型结果与分析

本文将农户划分为高技术采纳水平组和低技术采纳水平组分别分析，以考察不同技术采纳水平下农户服务需求的异质性。组别划分标准为样本稻农对化肥农药减量增效技术的采纳得分，采纳得分高于平均得分的为高技术采纳水平组，低于平均得分的为低技术采纳水平组①。利用 HLM7.0 软件对多层线性模型进行估计。按照 Hofmann[32] 提出的思路，首先使用零模型分析农户层面和村级层面对服务需求的影响，然后利用完整模型分析各项自变量对服务需求的影响，同时为进一步明确地区服务可得性的影响，将服务可得性变量放入第二层技术认知的斜率项中进行估计。

1. 零模型估计结果

零模型估计结果见表 5。首先利用村级层面和农户层面的方差变异来计算组内相关系数 ρ，判断村级层面变量是否会对个体行为产生影响。计

① 样本农户化肥农药减量增效技术的采纳得分是加入技术复杂性权重的单项减量增效技术得分之和。

算可知，低技术采纳水平组的ρ值为0.37，高技术采纳水平组的ρ值为0.60，表明两组稻农对配套服务需求总变异中分别有37%和60%来源于村级层面，属于高度相关[33]，且P值约为0.000，拒绝原假设，因此可以认为村级层面的变量对农户配套服务需求产生了显著影响。综上，本数据具有层级结构性，适合利用多层线性模型进行估计。

表5　零模型估计结果

变量层次	低技术采纳水平组			高技术采纳水平组		
	方差变异	标准差	P值	方差变异	标准差	P值
村级层面（τ_{00}）	0.9760	0.9879	0.000***	1.9577	1.3992	0.000***
农户层面（$\sigma2$）	1.6566	1.2871		1.2837	1.1330	

注：*、**、***分别代表在10%、5%和1%水平上显著。

2. 完整模型估计结果

（1）低技术采纳水平稻农需求影响因素分析。低技术采纳水平组的估计结果见表6。从村级层面来看，经济发展水平对服务需求的影响为正且在5%水平上显著，表明经济发展水平越高的地区农户服务需求强度越大。由于经济发展水平较高地区的土地和劳动力成本往往偏高，因此水稻生产对服务和补贴的依赖性更强。地区服务可得性对需求的影响为正但并不显著，可能因为减量增效技术采纳水平较低的农户不太关注与服务相关的政策或规定。

从个体层面来看，相比于认为技术不难的农户，认为减量增效技术较难的农户服务需求在5%水平上显著更高，若农户认为自己不太能够掌握相关技术，会倾向于依靠配套服务来帮助自己。生产成本和生产面积均对服务需求有正向影响，且分别在5%和1%水平上显著。生产成本和生产面积增加代表农户实践减量增效技术的难度也随之增加，因此更依赖配套服务。同样，劳动力数量，即劳动力不足造成的生产难度也在5%水平上显著影响服务需求。技术难度认知与服务可得性的交互项系数为正，这表明在服务可得性较高的地区，如果农户认为技术比较难，更倾向于寻求帮助，而在服务可得性较低的地区，更倾向于自己解决。

（2）高技术采纳水平稻农需求影响因素分析。高技术采纳水平组的估计结果见表 6。从村级层面来看，经济发展水平对农户服务需求影响的显著性下降到 10%，而地区服务可得性对服务需求的影响在 5% 水平上显著为正。如果农户采纳了较多的减量增效技术，会更关注政府的服务政策和服务方式，一旦服务可获得性比较高，服务带来的满足感就会上升。

从个体层面来看，技术难度认知仅在 10% 水平上正向影响服务需求，表明技术难度对高技术采纳水平稻农的服务需求影响较弱。与低技术采纳水平农户相比，生产投入对服务需求的影响较弱，可能因为技术采纳水平较高的农户更多地从技术本身出发考虑服务需求而不是从自家生产禀赋考虑。生产面积对服务需求的影响在 5% 水平上显著为负。在技术采纳水平高的农户中，生产面积越大，自身实践减量增效的能力越强，表现在自有配套设施越完善，获取各类信息渠道越多，因而对生产性服务的需求降低，这也部分解释了为什么生产成本、劳动力数量的影响不显著。而对于技术采纳水平较低的农户而言，由于技术采纳相关配套设施不完善，生产面积越大，其对外在服务的需求就越大。技术难度认知与服务可得性的交互项系数同样为正，在服务可得性较高和认为技术较难的情况下，农户更倾向于通过服务帮助自己实践技术。

表 6　完整模型估计结果

变量	低技术采纳水平组			高技术采纳水平组		
	系数	标准差	P 值	系数	标准差	P 值
截距	0.8465	0.6308	0.194	1.4803**	0.7015	0.048
村级层面						
经济发展水平	0.0102***	0.0036	0.010	0.0098*	0.0053	0.080
服务可得性	0.0851	0.1078	0.439	0.3695**	0.1748	0.048
农户层面						
技术认知	1.2050**	0.4996	0.017	2.3374*	1.3083	0.075
家庭兼业水平	-0.0034	0.0027	0.204	-0.0024	0.0024	0.315
生产经验	0.0019	0.0040	0.641	-0.0008	0.0049	0.875
生产成本	0.0007**	0.0002	0.003	0.0001	0.0002	0.796
种稻劳动力数量	-0.1524**	0.0750	0.043	-0.0295	0.0504	0.558

续表

农户层面						
生产面积	0.0048***	0.0008	0.000	-0.0014**	0.0004	0.002
服务可得性	0.0427	0.1607	0.791	0.0551	0.2801	0.844
样本数量	353			248		

注：*、**、*** 分别代表在10%、5%和1%水平上显著。

五 结论与展望

本文基于浙江省和江苏省601户稻农数据，利用Kano模型分析了农户减量增效技术服务领域的需求类型和需求强度，并且利用多层线性模型分析了服务需求的影响因素。主要结论有以下两点。第一，稻农在实践减量增效技术时最需要的前三项服务分别为植保信息、统防统治和供种供秧服务，其次是技术培训和技术指导服务，再次是免费物资服务和农资统购服务，最后是农资信息服务和测土信息服务。第二，对技术采纳水平较低的农户而言，村级层面的经济发展水平在5%水平上显著提高了农户的服务需求，而地区服务可得性对需求的影响为正但并不显著；个体层面的生产成本、生产面积、劳动力数量以及技术难度认知也显著影响农户的服务需求。对技术采纳水平较高的农户而言，村级层面的服务可得性在5%水平上显著提高了农户服务需求，但经济发展水平对农户服务需求影响的显著性下降到10%。个体层面的技术难度认知对服务需求也有一定提升作用，但与低技术采纳水平农户相比，生产投入对服务需求的影响较弱。生产面积对高技术采纳水平农户服务需求的影响显著为负，因为生产面积越大，自身实践减量增效技术的能力越强，对生产性服务需求越低；而对于低技术采纳水平农户而言，由于技术采纳相关配套设施不完善，生产面积越大，其对外在服务的需求就越大。

本文侧重刻画不同类型服务需求的差别，未将不同服务之间的相互关系纳入分析框架，因此后续研究可以进一步分析各项服务之间的替代或者互补关系。在明确服务需求的基础上，未来的研究应该将生产性服务的供给和需求两个方面结合起来考虑，通过选择实验等方法将不同的服务供给内容、供给方式与价格组合呈现给农户进行选择，以更精确地揭示减量增效技术服务领域发展路径。

参考文献

[1] 史常亮、郭焱、朱俊峰：《中国粮食生产中化肥过量施用评价及影响因素研究》，《农业现代化研究》2016 年第 4 期。

[2] 杨万江、李琪：《稻农化肥减量施用行为的影响因素》，《华南农业大学学报》（社会科学版）2017 年第 3 期。

[3] 周曙东、张宗毅：《农户农药施药效率测算、影响因素及其与农药生产率关系研究——对农药损失控制生产函数的改进》，《农业技术经济》2013 年第 2 期。

[4] 尹世久、李锐、吴林海、陈秀娟：《中国食品安全发展报告（2018）》，北京大学出版社，2018。

[5] 赵连阁、蔡书凯：《晚稻种植农户 IPM 技术采纳的农药成本节约和粮食增产效果分析》，《中国农村经济》2013 年第 5 期。

[6] 周建华、杨海余、贺正楚：《资源节约型与环境友好型技术的农户采纳限定因素分析》，《中国农村观察》2012 年第 2 期。

[7] 祝华军、田志宏：《低碳农业技术的尴尬：以水稻生产为例》，《中国农业大学学报》（社会科学版）2012 年第 4 期。

[8] 蔡书凯：《经济结构、耕地特征与病虫害绿色防控技术采纳的实证研究——基于安徽省 740 个水稻种植户的调查数据》，《中国农业大学学报》2013 年第 4 期。

[9] 陈凤霞、吕杰：《农户采纳稻米质量安全技术影响因素的经济学分析——基于黑龙江省稻米主产区 325 户稻农的实证分析》，《农业技术经济》2010 年第 2 期。

[10] Mugonola, B., Deckers, J., Poesen, J. et al., "Adoption of Soil and Water Conservation Technologies in the Rwizi Catchment of South Western Uganda," *International Journal of Agricultural Sustainability*, 2013, 11 (3), 264 - 281.

[11] 储成兵：《农户病虫害综合防治技术的采纳决策和采纳密度研究——基于 Double-Hurdle 模型的实证分析》，《农业技术经济》2015 年第 9 期。

[12] 尹世久、高杨、吴林海：《构建中国特色食品安全社会共治体系》，人民出版社，2017。

[13] Hua, Y., "Influential Factors of Farmers' Demands for Agricultural Science and Technology in China," *Technological Forecasting and Social Change*, 2015, 100, 249 - 254.

[14] Jagtap, S. S., Jones, J. W., Hildebrand, P., Letsonc, D., O'Briend, J. J., Podestác, G., Zierdend, D., Zazuetaa, F., "Responding to Stakeholder's Demands for Climate Information: From Research to Applications in Florida," *Agricultural Systems*, 2002, 74 (3), 415 - 430.

[15] Woods, P. S. A., Wynne, H. J., Ploeger, H. W., Leonard, D. K., "Path Analysis of Subsistence Farmers' Use of Veterinary Services in Zimbabwe," *Preventive Veterinary Medicine*, 2003, 61 (4), 339 - 58.

[16] 黄武：《农户对有偿技术服务的需求意愿及其影响因素分析——以江苏省种植业为例》，《中国农村观察》2010 年第 2 期。

[17] Pereira, Á., Turnes, A., Vence, X., "Barriers to Shifting to a Servicized Model of Crop Protection in Smallholding Viticulture," *Journal of Cleaner Production*, 2017, 149, 701 - 710.

[18] 王瑜、应瑞瑶、张耀钢：《江苏省种植业农户的农技服务需求优先序研究》，《中国科技论坛》2007 年第 11 期。

[19] 庄丽娟、贺梅英：《我国荔枝主产区农户技术服务需求意愿及影响因素分析》，《农业经济问题》2010 年第 11 期。

[20] 李荣耀、庄丽娟、贺梅英：《农户对农业社会化服务的需求优先序研究——基于 15 省微观调查数据的分析》，《西北农林科技大学学报》（社会科学版）2015 年第 1 期。

[21] 张露、郭晴、张俊飚等：《农户对气候灾害响应型生产性公共服务的需求及其影响因素分析——基于湖北省十县（区、市）百组千户的调查》，《中国农村观察》2017 年第 3 期。

[22] Kano, N., Seraku, N., Takahashi, F., Tsuji, S., "Attractive Quality and Must-be Quality," *The Journal of Japanese Society for Quality Control*, 1984 (2), 39 - 48.

[23] 潘秋岑、张立新、张超等：《学术期刊网站功能服务需求的 Kano 模型评价》，《中国科技期刊研究》2016 年第 6 期。

[24] 刘蕾：《基于 Kano 模型的农村公共服务需求分类与供给优先序研究》，《财贸研究》2015 年第 6 期。

[25] Berger, C., "Kano's Methods for Understanding Customer—Defined Quality," *Center for Quality Management Journal*, 1993 (3), 3 - 36.

[26] Lindley, D. V., Smith, A. F. M., "Bayes Estimates for the Linear Model," *Journal of the Royal Statistical Society. Series B (Methodological)*, 1972, 34 (1), 1 - 41.

[27] 宋佳楠、金晓斌、周寅康：《基于多层线性模型的耕地集约利用对粮食生产力贡

献度分析——以内蒙古自治区为例》，《资源科学》2010 年第 6 期。

[28] Kibwika, P., Wals, A. E. J., Nassuna-Musoke, M. G., "Competence Challenges of Demand-Led Agricultural Research and Extension in Uganda," *Journal of Agricultural Education & Extension*, 2009, 15 (1), 5 - 19.

[29] 谈存峰、张莉、田万慧：《农田循环生产技术农户采纳意愿影响因素分析——西北内陆河灌区样本农户数据》，《干旱区资源与环境》2017 年第 8 期。

[30] 李俏、张波：《农业社会化服务需求的影响因素分析——基于陕西省 74 个村 214 户农户的抽样调查》，《农村经济》2011 年第 6 期。

[31] 李显戈、姜长云：《农户对农业生产性服务的可得性及影响因素分析——基于 1121 个农户的调查》，《农业经济与管理》2015 年第 4 期。

[32] Hofmann, D. A., "An Overview of the Logic and Rational of Hierarchical Linear Models," *Journal of Management*, 1997 (6), 723 - 744.

[33] Cohen, J., *Statistical Power Analysis for the Behavioral Sciences*, *New York*: Academic Press, 1988.

基于生鲜电商直采直配模式的低碳物流配送路径规划研究*

浦徐进　李秀峰**

摘　要： 物流配送是生鲜电商发展的重要环节，优化生鲜农产品物流配送路线可以节约成本，提高电商经营效率。本文基于生鲜农产品的特点，首先，提出了消费者存在最晚收货时间限制的生鲜农产品直采直配问题；其次，将冷藏配送车辆的行驶距离和载重量作为影响燃料消耗量的关键因素，构建了燃料消耗量模型，建立了该问题的混合整数规划模型，构建了包含多个生产基地直采直配路径的规划模型；最后，设计该问题的编码方式，通过生鲜农产品社区的聚类优化设计，设计了基于该问题的模拟退火算法进行求解。结果表明，设计的模拟退火算法能够优化物流配送路径，在不降低消费者满意度的情形下，降低生鲜电商物流配送成本。

关键词： 生鲜电商　物流配送　直采直配　模拟退火算法

一　引言

相比于传统的流通模式，电商可以有效减少生鲜农产品的流通环节，提高流通效率。艾媒咨询发布的数据显示，从2016年到2018年，我国生鲜电商整体市场规模稳步增长，2018年市场规模已突破千亿元，达到

* 本文是国家自然科学基金面上项目"'社区支持农业'共享平台的运作机理与优化策略研究（71871105）"阶段性研究成果。

** 浦徐进，博士，江南大学商学院教授，主要从事农产品供应链管理等方面的研究；李秀峰，江南大学商学院硕士研究生，主要从事物流规划等方面的研究。

1253.9 亿元。但是，生鲜农产品具有保质保鲜期短、冷藏保鲜难、变质损耗大等显著特征，这使得生鲜电商配送具有一定难度[1]。Sun 等[2]比较了生鲜农产品的传统配送模式和电商配送模式，发现配送成本已经成为生鲜电商发展的瓶颈。Tsekouropoulos 等[3]研究表明，阻碍生鲜电商发展的最大问题是整体运营成本太高，但是物流配送费用有较大的压缩空间。公彦德等[4]指出生鲜电商要实现可持续发展，必须采取多种措施降低物流费用。Tan 等[5]考虑到生鲜农产品易腐烂的特性，建立了包括运输成本和时间成本的总配送成本模型，并运用 Dijkstra 算法和节约里程法对模型进行了求解。Shukla 等[6]基于消费者的时间窗限制，建立了生鲜农产品物流配送优化模型，并设计人工免疫求解算法。Li 等[7]考虑到生鲜农产品物流配送过程中的损耗问题，建立了客户具有软时间窗的生鲜农产品配送问题的混合整数规划模型，并应用遗传算法进行求解。

同时，生鲜农产品具有易腐易损的特点，配送时效性直接影响消费者的用户体验[8]。杨芳等[9]分析了生鲜电商物流配送系统中各主体之间的相互关系，指出消费者对生鲜农产品配送时间和货物品质保证有更高的要求。孙国华等[10]认为，在城市“最后一公里”的配送过程中，采取与社区商店合作或在其他方便市民取货的场所设立取货点，可以有效降低配送成本，提升消费者的购物体验。邵腾伟等[11]基于“去中心化、去中介化”的互联网思维，构建了碎片化的消费者按地理位置就近聚合为团购性质的食物社区的生鲜农产品分布式业务流程。因此，生鲜电商在实践中正在构建产消同城化、配送规模化和产品多样化的“小而美”发展模式[12]。此外，物流配送虽然是支撑生鲜电商正常运转的微循环系统，但也带来了噪声污染、尾气排放等外在不经济现象[13]。Bekta 等[14]研究表明，配送车辆的碳排放量主要与燃料消耗量存在比例关系，因此可以通过优化燃料消耗，进而实现碳排放量的降低。Demir 等[15]提出车辆装载量、发动机类型和尺寸、道路坡度等因素与配送车辆的燃料消耗有一定的关系，并进一步影响碳排放量。Zhu 等[16]考虑到燃料消耗量和碳排放量之间的比例关系，提出可以通过合理调度配送车辆，优化配送路线，有效降低燃料消耗量，从而降低物流配送中的燃料成本和碳排放量。

因此，如何科学地设计配送方案，高效地选择配送路径，在提高物流配送效率、保证生鲜农产品的质量和新鲜度的同时，尽可能降低环境污染，已经成为生鲜电商可持续发展亟须解决的重要问题。本文考察产地到社区的生鲜电商直采直配模式，首先，考虑到燃料消耗量和碳排放量对配送路线的影响，在存在配送截止时间的限制条件下，提出了考虑消费者收货时间节点的低碳多产地电商配送路径规划问题；其次，构建该问题的混合整数规划模型，从消费者收货时间限制、低碳环保、物流配送成本三个不同的角度分析生鲜农产品电商配送的优化设计；最后，考虑到研究问题可以抽象为多配送中心情形下的车辆路径规划问题（Multi-depot Vehicle Routing Problem，MDVRP），MDVRP 是 NP-Hard 问题[17]，而模拟退火算法作为较为成熟的启发式算法，已经被广泛应用到 NP-Hard 问题的求解中[18~20]，因此本文设计了改进后的模拟退火算法对问题求解，并通过实例验证模型和算法的有效性。

二 模型构建

（一）问题描述

生鲜电商直采直配模式（见图 1）可以描述为：一个生鲜电商平台拥有 m 个生鲜农产品生产基地 $D_i(i = 1,2,\cdots,m)$，在某个时间段内接到 n 个社区的订单需求，生鲜电商采用冷藏运输车执行配送任务，每辆配送车的最大载重量均为 Q，最大行驶距离均为 L。每个社区的生鲜农产品需求量已知，同时，为了减少生鲜电商配送延迟带来的电商负面评价，生鲜电商平台在消费者网上下单后，会承诺消费者 i 在截止时间 l_i 之前将货物送达。一旦超过最晚收货时间，生鲜电商将向消费者支付一定的配送延迟罚金。因此，一个可行的配送方案需要满足如下条件。

（1）每辆冷藏车从生产基地装载完生鲜农产品后出发，全程冷链配送，沿着一条行驶路线将装载的生鲜农产品送达指定社区，并最后回到原生产基地。

（2）一辆冷藏车可以服务多个社区，但每个社区仅被一辆冷藏车服务一次。

（3）在实际配送过程中，冷藏车辆不能超过最大容量和最大行驶距离的约束。

（4）生鲜电商如果在承诺时间未送达，需要向消费者支付超时罚金。

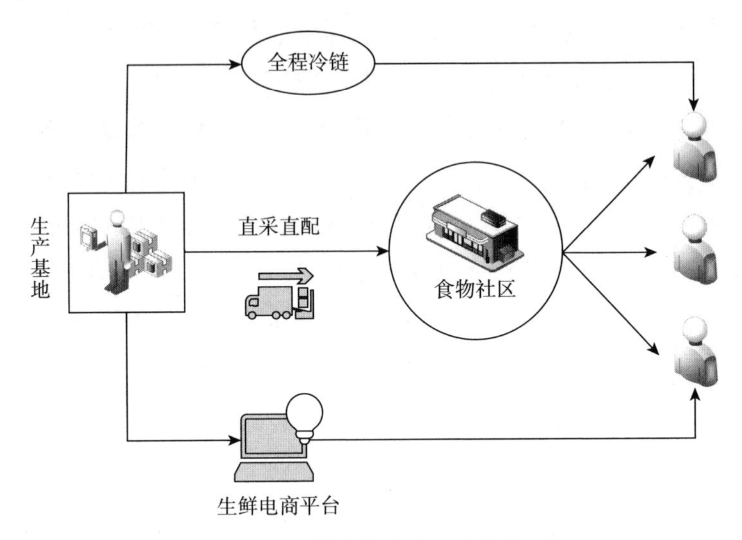

图 1　生鲜电商直采直配模式

（二）符号说明

1. 集合

C：社区点集合，$C = \{v_1, v_2, \cdots, v_n\}$，表示 n 个社区；

D：生产基地点集合，$D = \{v_{n+1}, v_{n+2}, \cdots, v_{n+m}\}$，表示 m 个生产基地；

N：社区和生产基地点的集合，$N = C \cup D$；

A：任意两点之间的路径集合，$A = \{(i, j) \mid i, j \in N, i \neq j\}$；

K：可供使用的配送车辆集合，$K = \{k_1, k_2, \cdots, k_J\}$，$J$ 表示车辆的总数量；

K_d：生产基地 d（$d \in D$）的车辆集合，$K_d \subset K$，其中 $|K_d|$ 为集合元素个数，即生产基地 d 的配送车辆总数。

2. 参数

Q_k：冷藏车 k（$k \in K$）的最大生鲜农产品装载量；

L_k：冷藏车 k（$k \in K$）的最大行驶里程；

q_i：社区 i 的生鲜农产品需求量（$0 < q_i < Q$，$i \in C$）；

s_i：配送车辆在为社区 i 提供配送服务时所耗费的服务时间；

l_i：电商平台承诺给食物社区 i 的最晚收货时间；

d_{ij}：任意两点 i 和 j 之间的欧式距离，其中 $d_{ij} = d_{ji}$，i，$j \in N$，表示路径是对称的；

C_{fc}：每辆车的固定成本费用（包括车辆的租赁费用、保险费用以及维修费用等）；

C_{vc}：车辆单位行驶里程的变动成本（主要包括司机工资成本等变动成本）；

C_{ce}：单位行驶里程的燃料消耗成本；

C_{trc}：运输过程中单位行驶里程的冷链制冷成本；

C_{urc}：卸货过程中单位时间的冷链制冷成本；

C_{pi}：当配送出现延迟时需要向消费者 i 支付的延迟罚金成本；

V：冷藏车行驶过程中的平均速度；

ρ^*：冷藏车辆满载行驶时的燃料消耗率；

ρ^0：冷藏车辆空载行驶时的燃料消耗率。

3. 决策变量

$_{ijk}$：0－1 变量，表示冷藏车 k 经过路径（i，j）时值为 1，否则为 0；

f_{ijk}：冷藏车 k 经过路径（i，j）时生鲜农产品的货物装载量；

ρ_{ijk}：冷藏车 k 行驶在 i 和 j 之间路径（i，j）上的燃料消耗率；

a_i：实际到达消费者 i 的时间，$i \in C$；

h_i：配送车辆从社区 i 出发前往下一个社区 j 的出发时间，i，$j \in C$；

o_i：社区 i 的延迟服务时间，$i \in C$。

（三）生鲜农产品配送中各物流成本组成

1. 燃料消耗成本函数

研究表明，在物流配送中，燃料成本占据物流配送成本的很大一部分。Sahin 等[21]研究表明，一辆最大载荷 20 吨的卡车满载行驶时平均每 1000 千米的燃料消耗成本占据了物流总成本的 60%，因此合理调度物流配送路线对于降低燃料成本至关重要。同时，燃料消耗成本的降低也减少了 CO_2 等温室气体的排放，具有较好的企业效益和社会效益[23]。

燃料消耗量与车辆的行驶里程数有着密切的关系。Tavares 等[22]在垃圾回收路径规划问题中，考虑了道路坡度和装载量对燃料消耗量的影响，并将装载量分为空载、半载、满载三种情形，但是没有考虑装载量和燃料消耗量的关系。Xiao 等[23]通过实际的统计数据，建立了考虑行驶路径和装载量的燃料消耗量模型，可以得到更准确的燃料消耗量。Suzuki[24]为了研究燃料消耗量的影响因素，调研了大、中、小三种不同规模的物流运输公司，调研结果发现，在影响配送车辆燃料消耗量的诸多因素中，实际载重量以及行驶距离对燃料消耗的影响尤为显著，并且提出在实际的物流配送过程中，可以优化设计配送路线，合理调度配送车辆，从而降低燃料消耗量。

为了更好地反映实际，本文基于 Xiao 等[23]建立的燃料消耗量模型，建立如式（1）所示的生鲜农产品配送燃料消耗量模型。其中，$\rho(Q_1)$ 表示车辆装载量 Q_1 情形下单位行驶里程的燃料消耗量。

$$\rho(Q_1)=(\rho^0+\frac{\rho^*-\rho^0}{Q}Q_1) \tag{1}$$

对于任意配送路径（i，j），当冷藏配送车辆配送完食物社区 i 然后驶向食物社区 j 的这段路径中，设配送车辆 k 在该段路径上的实际装载量为 f_{ijk}，该段路径上单位行驶里程的燃料消耗量为 $\rho_{ijk}=\rho\ (f_{ijk})$，则燃料消耗成本可以表示为式（2），其中 d_{ij} 表示任意两点之间的欧式距离：

$$C_{fuel}^{ij}=C_{ce}\rho_{ijk}d_{ij} \tag{2}$$

设 r 为第 k 辆冷藏车服务的消费者集合，那么该车在执行物流配送时燃料消耗成本总额如式（3）所示：

$$C_{fuel}=\sum_{i=1}^{r}\sum_{j=1}^{r}C_{fuel}^{ij}x_{ijk}=\sum_{i=1}^{r}\sum_{j=1}^{r}C_{ce}\,\rho_{ijk}\,d_{ij}\,x_{ijk} \tag{3}$$

由于变量 x_{ijk} 当行驶路线（i，j）存在时为 1，否则为 0，且 ρ_{ijk} 受到装载量序列的影响，因此，可以合理设计配送路线，减少燃料消耗量，进而达到降低物流配送成本的目的。

2. 制冷成本函数

在生鲜农产品的物流配送过程中，为了保持生鲜品的新鲜度，避免温度变化造成的产品损耗，需要使用冷藏车执行生鲜农产品的配送。制冷成本是指冷藏运输车的制冷设备在配送过程中消耗制冷剂的成本，由运输过程中的制冷成本和卸货过程中的制冷成本两部分组成。因此，在生鲜农产品的配送成本中需要考虑冷藏车的制冷成本。设 H 表示冷藏车辆配送过程中的制冷成本，I 表示卸货过程中的制冷成本，则总的制冷成本 R 为：

$$R = H + I = \sum_{k \in K} \sum_{i \in N} \sum_{j \in N} C_{trc} x_{ijk} d_{ij} + \sum_{i \in C} C_{urc} s_i \tag{4}$$

3. 超时赔付罚金函数

相比于传统产品，生鲜农产品的配送更加强调时效性[25]。在集贸市场、超市生鲜区等线下购物场所中，顾客拿商品付账，其对生鲜农产品的控制权和所有权是完全统一的；而通过电商购买生鲜农产品时，控制权和所有权之间的时间差会给消费者带来不安全感。当等待超出预期时，消费者会认为卖家不守承诺，甚至会因等待时间过长而愤怒[26~27]。因此，众多生鲜电商都在致力于提高配送速度而赢得消费者忠诚度。例如，每日优鲜已在全国 8 个城市建立了 165 个社区配送中心，保证站点辐射到 3 公里以内的客户，保证两小时送达；京东生鲜频道推出“协同仓”模式，最大限度地减少生鲜库存时间。基于此，本文建立如式（5）所示的超时配送罚金函数：

$$P_i = \begin{cases} 0 & a_i \leq l'_i \\ C_{pi}(a_i - l'_i) & l'_i \leq a_i \leq l_i \\ \infty & a_i \geq l_i \end{cases} \tag{5}$$

在式（5）中，当早于l'_i时间送达时，延迟时间为零，生鲜电商无须向消费者支付罚金；当迟于l'_i但不超过最晚容忍时间l_i送达时，生鲜电商平台需要向消费者支付一定的罚金，罚金金额随超时的长短而呈现线型增加；当迟于最晚容忍时间l_i送达时，罚金为无穷大，这意味着在生鲜电商物流配送中，不能超过客户的最晚容忍时间（当超过最晚容忍时间时，客户可能会退货）。

（四）配送路径规划模型

根据上述成本函数，本文构建的配送路径规划模型如下：

$$\text{Min} \quad C_{fc}\sum_{k\in K}\sum_{i\in D}\sum_{j\in C}x_{ijk}+C_{vc}\sum_{k\in K}\sum_{i\in N}\sum_{j\in N}d_{ij}x_{ijk}+\sum_{k\in K}\sum_{i\in N}\sum_{j\in N}C_{trc}x_{ijk}d_{ij}+\sum_{i\in C}C_{urc}s_i \tag{6}$$

$$+C_{ce}\sum_{k\in K}\sum_{i\in N}\sum_{j\in N}\left(\rho^0+\frac{\rho^*-\rho^0}{Q}f_{ijk}\right)d_{ij}x_{ijk} \tag{7}$$

$$+C_{pi}\sum_{i\in C}o_i \tag{8}$$

S. T.

$$\sum_{k\in K}\sum_{j\in C}x_{djk}\leqslant |K_d|\ \forall d\in D \tag{9}$$

$$\sum_{k\in K}\sum_{j\in N}x_{ijk}=\sum_{k\in K}\sum_{i\in N}x_{ijk}=1\ \forall i,j\in C \tag{10}$$

$$\sum_{i\in N}x_{ihk}-\sum_{j\in N}x_{hjk}=0\ \forall k\in K;h\in N \tag{11}$$

$$\sum_{i\in N}q_i\sum_{j\in N}x_{ijk}\leqslant Q_k\ \forall k\in K \tag{12}$$

$$\sum_{i\in N}\sum_{j\in N}d_{ij}x_{ijk}\leqslant L_k\ \forall k\in K \tag{13}$$

$$\sum_{i\in D}\sum_{j\in C}x_{ijk}\leqslant 1\ \forall k\in K \tag{14}$$

$$\sum_{j\in D}\sum_{i\in C}x_{ijk}\leqslant 1\ \forall k\in K \tag{15}$$

$$\sum_{k\in K}\sum_{u\in N\setminus\{i\}}f_{uik}-\sum_{k\in K}\sum_{j\in N\setminus\{i,u\}}f_{ijk}=q_i\ \forall i\in C \tag{16}$$

$$q_j\,x_{ijk}\leqslant f_{ijk}\leqslant(Q-q_i)x_{ijk}\ \forall(i,j)\in A,k\in K \tag{17}$$

$$a_j\geqslant h_i+\sum_{k\in K}\sum_{i\in N}x_{ijk}d_{ij}/V\ \forall j\in C \tag{18}$$

$$a_i+s_i\leqslant h_i\ \forall i\in C \tag{19}$$

$$o_i\geqslant a_i-l_i\ \forall i\in C \tag{20}$$

$$x_{ijk}\in\{0,1\}\ \forall i,j\in N,k\in K \tag{21}$$

$$a_i,h_i,o_i,f_{ijk}\geqslant 0,\ \forall i,j\in C;k\in K \tag{22}$$

其中，式（6）表示基本物流配送费用，包括冷藏车辆的租赁费用和变动成本，以及冷藏车的制冷成本；式（7）表示燃料消耗成本，式（8）

表示由于超时配送需要支付给客户的赔偿金；式（9）表示配送中心的车辆数量限制；式（10）表示每个客户仅被一辆车服务一次；式（11）保证车辆行驶路径的连续性；式（12）和式（13）分别表示车辆的容量约束和行驶时间约束；式（14）和式（15）表示车辆的可用性限制，即车辆 k 是否得到使用；式（16）和（17）表示车辆行驶过程中每段行驶路径上的载重量限制条件；式（18）和式（19）表示物流企业的实际送达时间限制；式（20）表示客户 i 的延迟配送时间限制；式（21）表示 0 ~ 1 变量约束；式（22）表示变量的非负限制。可以看到，该模型综合考虑三方面的成本：①基本的物流配送费用，包括冷藏车辆的租赁成本、车辆变动成本以及车辆的制冷成本等成本支出；②物流配送过程中的燃料消耗成本；③超时配送带来的延迟赔付费用。反映了生鲜电商配送中对配送成本、环境影响以及消费者满意度三者的考量。

三　求解算法设计

VRP 属于 NP-hard 问题，国内外学者通常采用启发式或亚启发式算法进行求解[28~29]，而本文模型涉及多个配送中心、燃料消耗量优化、消费者最晚收货时间限制条件，使得求解更加困难。作为一种重要的启发式求解算法，模拟退火算法（Simulated Annealing，SAA）由于收敛速度快，求解精度高，能够减少陷入局部最优的概率等，目前已经成为求解 NP-hard 等优化问题的重要方法[30]。

为了克服局部搜索算法极易陷入局部最优解的缺点，模拟退火算法使用基于概率的随机搜索技术 Metropolis 准则，当基于邻域的一次操作使当前解的质量提高时（本文以最小化目标函数值为目标，即目标函数值越小，解的质量越高），模拟退火算法接受这个被改进的新解作为当前解；同时，在相反的情况下，算法以一定的概率 $p = \exp(\frac{-\triangle c}{T})$ 接受相对于当前解来说质量较差的解作为新的当前解，其中 $\triangle c$ 为邻域操作前后解的目标函数数值差额，T 为退火过程的控制参数（即温度）。模拟退火算法已在理论上被证明是一种以概率 1 收敛于全局最优解的全局优化算法[31]。

（一）模拟退火算法的实现步骤

模拟退火算法主要分为以下 4 个步骤。

步骤 1：初始化参数值，包括初始温度T_0、终止温度T_n、温度变化步长 τ；选定一个初始解x_0，并令当前解$x_i = x_0$；当前迭代次数 $c = 0$，当前温度$t_k = T_0$。

步骤 2：若在该温度达到内循环停止条件，则转步骤 3；否则，从邻域 $N(x_i)$ 中随机选一邻居 x_j，并计算 $\triangle_k = f(x_j) - f(x_i)$，若 $\triangle_k < 0$ 则 $x_i = x_j$，否则按照 Metropolis 准则设置当前解，即求解概率 $p = \exp(\frac{-\triangle k}{t_k})$，若概率 $p = \exp(\frac{-\triangle c}{t_k}) > rand(0,1)$ [其中 $rand(0,1)$ 表示一个 0 到 1 之间的均匀随机数]，则设置 $x_i = x_j$，重复步骤 2。

步骤 3：令 $k = k + 1$，$t_{k+1} = f(t_k)$ [$f(t_k)$ 表示温度下降的函数]，若满足终止条件，转步骤 3，否则，转步骤 2。

步骤 4：停止迭代过程，并输出最终求解结果。

（二）模拟退火算法设计

1. 解的编码

考虑到 MDVRP 属于典型的离散优化问题，故本文采用自然数编码方式表示调度方案（见图 2），设调度方案 $X = (x_1^T, x_2^T, \cdots, x_k^T)^T$，其中 k 表示车辆数目，$x_k = (0, r_1, r_2, \cdots r_s, 0)$ 表示第 k 辆车的配送路线，0 则表示生产基地下标。在具体编码阶段，首先将 MDVRP（生产基地可以看作配送中心）转化为多个 VRP 进行并行求解，然后为每一位消费者分配配送车辆，设计配送车辆的行驶路线。如图 2 所示，假设存在三个生产基地，可以看到每个生产基地的配送车辆数目并不相同，即配送路线的数目也不相同，如生产基地 1 有两辆车参与配送，其中配送车辆 1 为客户 3、1、7 提供配送服务，配送路线为：生产基地 1→客户 1→客户 3→客户 1→客户 7→生产基地 1，又如生产基地 2 仅有一辆车参与配送，其配送路线为：生产基地 2→消费者 8→消费者 9→消费者 11→生产基地 2。

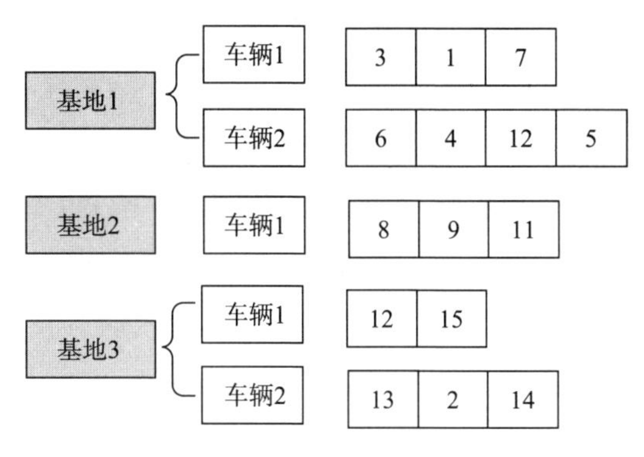

图 2　自然数编码方式

2. 解的初始化

由于本文模型涉及多个生产基地的情形，因此为了加快模拟退火算法的收敛速度，算法中当前解的初始化分为三个阶段：首先，分配社区到生产基地，即客户聚类（Clustering）；其次，对分配到生产基地的社区安排冷藏配送车辆，即车辆调度（Scheduling）；最后，调整每辆车所服务的食物社区的顺序，即路线优化（Routing）。具体来说，本文依次计算每个社区与各个生产基地的距离，选择最近的生产基地对社区执行配送，对社区进行聚类；当所有的待服务社区均被分配到各自的生产基地后，利用扫描法为每个社区分配服务车辆；最终，对每辆冷藏配送车的服务的社区服务顺序进行随机排列，以期实现个体的多样性，扩大搜索范围。

3. 新解生成策略

在模拟退火算法中，每次迭代均需要在当前解 x_i 的邻域 $N(x_i)$ 内产生新的分子，由于本文问题模型属于离散优化问题，邻域内产生新分子的形式主要是随机交换分子编码的位置。因此，本文根据编码特点 3.2.1 中的编码方式，采用随机交换、移位、倒置三种邻域中新解生成算子（见图3）。其中，交换算子是随机选择两个不同位置，然后交换两个位置上的消费者；而移位算子是随机选择一个位置上的消费者，并将其插入另一个随机位置。根据编码方式可知，交换算子和移位算子选中的两个位置既可以是同一条子路径上的两个位置，也可以是不同子路径上的两个位置，这样就使得不同的路径能够顺畅地实现“信息交流”，增加解空间的搜索范围。在倒置算子中，首先随机选中一条子路径（即一条配送路线），然后在该子路径上随机选择两个不同的位置，并将两个位置之间的消费者顺序进行翻转。

通过上述三个算子生成新的解个体后，计算中该新个体的适应度，并与当前解进行比较，然后按照模拟退火算法中的 Metropolis 准则进行解的更新。

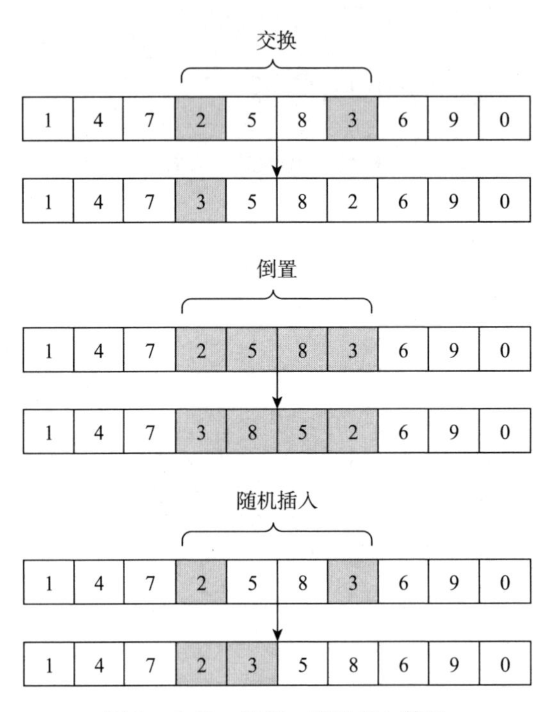

图 3 交换、倒置、随机插入算子

4. 降温方法的确认

温度控制是模拟退火算法中难以处理的问题之一，不失一般性，本文采用式（23）所示的温度变化函数，其中 t_k 和 t_{k+1} 分别表示第 k、$k+1$ 次温度更新，τ 表示温度变化的幅度（$0 < \tau < 1$，且为常数，表示温度降低），即每一步温度以相同的比率下降。当温度 $t_k < T_n$ 或者算法迭代次数达到最大迭代次数时，算法停止，输出最终的求解结果。

$$t_{k+1} = \tau \times t_k \tag{23}$$

四 实例分析

为了验证模拟退火算法对于求解本文模型的有效性，以某生鲜电商为例进行数值仿真。该电商在某一城市一定区域内拥有3个生鲜基地，每辆冷藏配送车辆的最大载重量均为1500千克，每辆冷藏车的最大行驶距离均为400千米，每辆冷藏车的租赁成本为500元/辆（如果冷藏车从第三方冷链物流公司租赁，500元为每辆车辆的租赁费；若将配送服务外包给第三方冷链物流公司，500元则为单词配送的服务费），单位行驶里程的变动成本为5元/千米；燃料费用为7.5元/升，行驶过程中单位里程制冷成本为3元/千米，卸载过程中单位时间制冷成本为0.2元/分，当超过客户的最晚收货时间送达时的单位时间赔付罚金为3元/时。3个生产基地需要向30个食物社区提供物流配送服务，用欧氏距离表示任意点之间的距离，各生产基地和食物社区位置已知，如图4所示。假设冷藏车辆从一天的某一时刻出发执行配送任务，限定在5小时内将生鲜农产品配送至社区，车辆行驶中的平均速度为60千米/时。要求满足降低物流配送成本并减少顾客的延时收货时间，设计合理的调度和物流配送路线。

表1 生产基地信息

配送点编号	横坐标	纵坐标	车辆数目
1	-15.54	-5.80	2
2	34.40	18.23	2
3	-29.73	33.10	2

表2 社区信息

	社区编号									
	1	2	3	4	5	6	7	8	9	10
横坐标	-36.12	-30.66	22.64	-13.17	-17.41	32.90	38.24	-45.00	-4.18	-14.16
纵坐标	43.68	15.46	-5.47	19.34	43.32	-6.27	32.26	27.23	-1.57	3.90
服务时间	22	18	16	15	12	25	23	20	19	26
需求	250	270	200	250	280	270	260	295	200	330

	社区编号									
	11	12	13	14	15	16	17	18	19	20
横坐标	-36.67	-30.67	-33.04	-15.38	-21.94	-10.25	18.60	-10.94	-3.76	23.77
纵坐标	10.14	-8.89	6.56	-33.82	27.59	26.21	26.72	43.21	-32.20	29.08
服务时间	29	19	16	25	25	27	30	26	25	21
需求	150	160	190	180	130	250	230	200	190	210

	社区编号									
	21	22	23	24	25	26	27	28	29	30
横坐标	-43.03	-35.30	-4.76	-0.33	30.40	37.40	-38.56	-16.78	-8.55	16.23
纵坐标	20.45	-24.90	11.37	33.37	41.82	13.82	-13.71	21.54	15.19	9.32
服务时间	12	19	14	16	10	14	23	10	19	22
需求	160	320	280	240	200	210	230	270	250	220

遗传算法（Genetic Algorithm，GA）在求解 NP-hard 问题中具有快速收敛的求解优势，已成为求解车辆路径规划问题的重要方法[32]。为了验证模拟退火算法求解本文模型的有效性，下文就模拟退火算法、遗传算法两种求解算法的计算结果进行比较，并绘制了两种算法得到的配送路线图。

在算法参数设置方面，GA 的种群数目为 40，交叉率和变异率分别设置为 0.9 和 0.1；SSA 初始温度值 T_0 为 3000，终止温度 T_n 为 1.0e-8，温度变化步长 $\tau = 0.98$ ，内循环次数为 20，外循环次数为 100，两个算法分别迭代 1000 次。算法程序均使用 C++ 编程语言编写，并运行在 Intel（R）Core（TM）i5-8250@1.6Ghz 的 CPU，内存 8.0GB 的 DELL 笔记本电脑上，运行软件为 Microsoft visual studio，两个算法各独立运行 30 次，最优计算结果如图 5 和图 6 所示。

从图 5 和图 6 可以发现，两种求解算法分别得到了 5 条、6 条配送路线，冷藏车量的使用率分别为 83.33% 和 100% 。可以看出，模拟退火算法求解得到的配送路线更加均衡，且仅使用了 5 辆冷藏车即完成了配送任务，节省了一辆冷藏车的固定成本支出；而遗传算法得到的配送路线存在路线调配上的重复行驶情况，增加了生鲜农产品的物流配送费用。

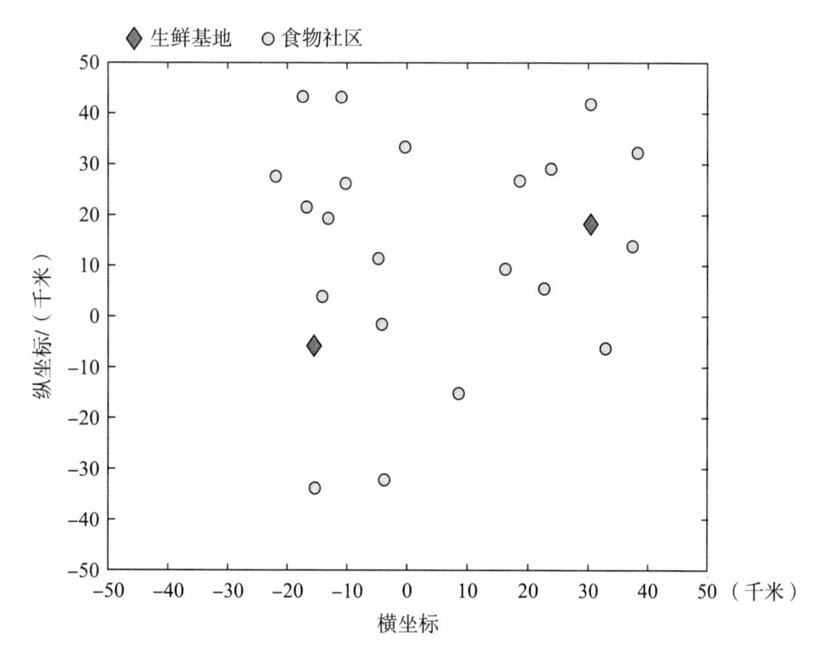

图 4　生鲜产地和社区位置散点图

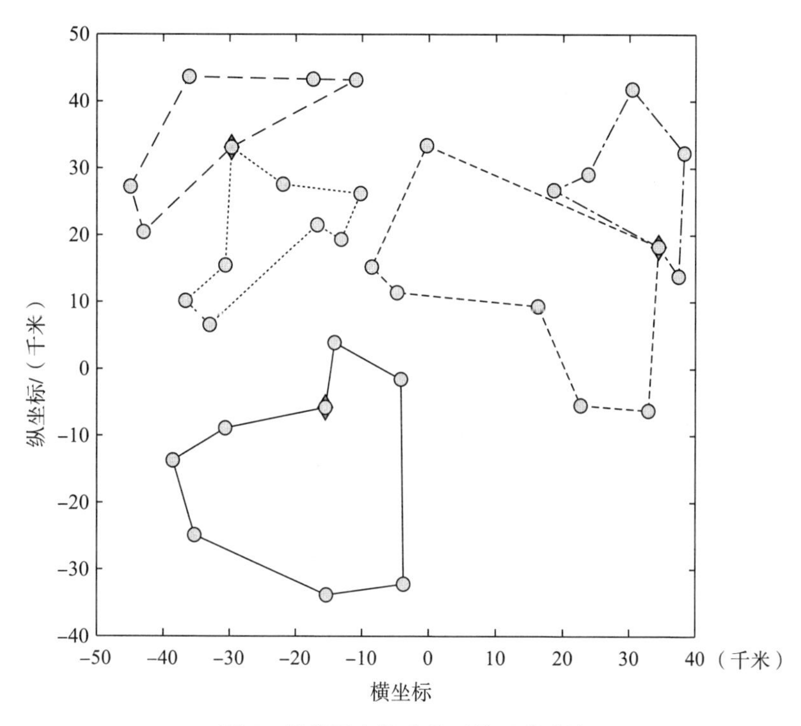

图 5　模拟退火算法得到的配送路线

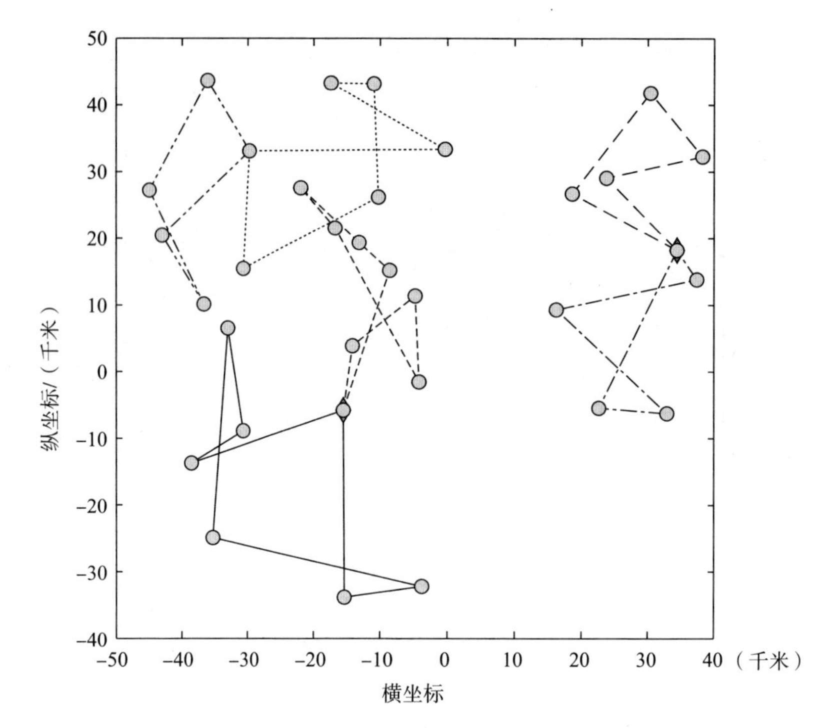

图 6 遗传算法得到的配送路线

表 3 配送路线以及各车辆的配送成本组成（模拟退火算法）

基地	配送路线	基本配送费用	燃料消耗成本	超时罚金
Ⅰ	车辆 1：Ⅰ→10→9→19→14→22→27→12→Ⅰ	1108. 56	912. 85	9. 98
Ⅱ	车辆 1：Ⅱ→17→20→25→7→26→Ⅱ	870. 69	556. 04	2. 39
	车辆 2：Ⅱ→24→29→23→30→3→6→Ⅱ	1176. 33	1014. 49	2. 46
Ⅲ	车辆 1：Ⅲ→18→5→1→8→21→Ⅲ	953. 155	679. 73	0
	车辆 2：Ⅲ→15→16→4→28→13→11→2→Ⅲ	929. 515	644. 27	3. 42

表 4 配送路线以及各车辆的配送成本组成（遗传算法）

基地	配送路线	基本配送费用	燃料消耗成本	超时罚金
Ⅰ	车辆 1：Ⅰ→29→4→15→28→9→23→10→Ⅰ	1047. 02	820. 536	213. 194
	车辆 2：Ⅰ→27→12→13→22→19→14→Ⅰ	1264. 43	1146. 64	143. 828
Ⅱ	车辆 1：Ⅱ→3→6→3→26→Ⅱ	932. 746	649. 118	52. 6268
	车辆 2：Ⅱ→20→7→25→17→Ⅱ	897. 344	596. 015	51. 1953

续表

基地	配送路线	基本配送费用	燃料消耗成本	超时罚金
Ⅲ	车辆 1：Ⅲ→24→5→18→16→2→Ⅲ	1066.93	850.391	107.909
	车辆 2：Ⅲ→1→8→11→21→Ⅲ	902.674	604.011	60.665

表 3 和表 4 分别表示两种算法计算得到的配送路线，从每条配送路线的物流成本构成上可以发现，两种算法计算得到的配送路线中超时赔付罚金值差距最为显著。这主要是因为：表 4 中的配送路线存在多次绕远路的情形，而表 3 中的生鲜基地主要负责距离其位置较近社区的需求，避免了绕远路配送距离较远的消费者。这说明在生鲜电商的物流配送中心配置上，需要充分考虑社区店的分布密度和消费者的群体位置，通过科学合理地设置配送中心可以提高配送的时效性，缩短消费者的等待收货时间，提高消费者满意度。例如，盒马鲜生等生鲜电商选择社区密度大的位置合理配置店面位置，将店面作为前置仓，通过合理优化配送路线，实现客户下单后能够最快半个小时收货的即时配送。

五　结论

本文针对生鲜电商的直采直配模式，综合考察消费者最晚收货时间限制、冷藏车的燃料消耗成本、碳排放量等因素，将配送车辆的行驶距离和载重量作为影响燃料消耗量的关键因素，在消费者的收货时间限制下构建了包含多个生产基地的直采直配低碳物流配送路径规划模型，并设计了基于该问题的模拟退火算法进行求解。研究结果表明，设计的模拟退火算法能够优化生鲜电商的直采直配路径，在不降低消费者满意度的情形下，有效降低物流配送成本。

当然，本文的研究也存在一定的局限性。例如，本文只考虑了在单一产地进行采购并且消费者需求确定的情形，因此，下一步工作将研究在多个产地进行采购并且消费者需求随机情形下的生鲜电商物流配送优化问题。

参考文献

[1] 邵腾伟、吕秀梅：《基于消费者主权的生鲜电商消费体验设置》，《中国管理科学》2018 年第 8 期。

[2] Sun, J., Wang, X., "Study on the E-Commerce Logistics Distribution Modes of Fresh Agricultural Products," *Applied Mechanics and Materials*, 2015, 744 - 746: 1895 - 1901.

[3] Tsekouropoulos, G., Andreopoulou, Z., Seretakis, A., et al. "Optimising E-marketing Criteria for Customer Communication in Food and Drink Sector in Greece," *International Journal of Business Information Systems*, 2012, 9 (1): 1 - 25.

[4] 公彦德、李帮义、刘涛：《基于物流费用分摊比例的闭环供应链模型》，《系统工程学报》2011 年第 21 期。

[5] Tan, Y., Wu, D., "Research on Optimization of Distribution Routes for Fresh Agricultural Products Based on Dijkstra Algorithm," *Applied Mechanics & Materials*, 2013, 336 - 338 (1): 2500 - 2503.

[6] Shukla, M., Jharkharia, S., "Artificial Immune System-based Algorithm for Vehicle Routing Problem with Time Window Constraint for the Delivery of Agri-fresh Produce," *Journal of Decision Systems*, 2013, 22 (3): 224 - 247.

[7] Li, P., He, J., Zheng, D., Huang, Y. & Fan, C., "Vehicle Routing Problem with Soft Time Windows Based on Improved Genetic Algorithm for Fruits and Vegetables Distribution", *Discrete Dynamics in Nature and Society*, 2015 (3): 1 - 8.

[8] 山丽杰、臧秋霞、陈秀娟、吴林海：《影响粮食产后销售环节损失的主要因素研究——基于 9 个省份 1662 个销售商的实证分析》，《中国食品安全治理评论》2017 年第 2 期。

[9] 杨芳、谢如鹤：《生鲜农产品冷链物流系统结构模型的构建》，《系统工程》2012 年第 12 期。

[10] 孙国华、许垒：《随机供求下二级农产品供应链期权合同协调研究》，《管理工程学报》2014 年第 28 期。

[11] 邵腾伟、吕秀梅：《生鲜农产品电商分布式业务流程再造》，《系统工程理论与实践》2016 年第 36 期。

[12] Parthena, C., Thomas, B., Basil, M., "Multicriteria Analysis for Grouping and Ranking European Union Rural Areas Based on Social Sustainability Indicators," *Inter-*

national Journal of Sustainable Development, 2013, 16 (3): 335 - 351.

[13] Dekkera, R., Mallidis, I., "Operations Research for Green Logistics—An Overview of Aspects, Issues, Contributions and Challenges," *European Journal of Operational Research*, 2012, 219 (3): 671 - 679.

[14] Bekta, T., Laporte, G. "The Pollution-Routing Problem," *Transportation Research Part B*, 2011, 45 (8): 1232 - 1250.

[15] Demir, E., Bekta, T., Laporte, G., "A Comparative Analysis of Several Vehicle Emission Models for Road Freight Transportation," *Transportation Research Part D: Transport and Environment*, 2011, 16 (5): 347 - 357.

[16] Zhu, X., Garcia-Diaz, A., Jin, M., et al, "Vehicle Fuel Consumption Minimization in Routing Over-dimensioned and Overweight Trucks in Capacitated Transportation Networks," *Journal of Cleaner Production*, 2014, 85: 331 - 336.

[17] Jian, L., Rui, W., Li, T., et al, "Benefit Analysis of Shared Depot Resources for Multi-depot Vehicle Routing Problem with Fuel Consumption," *Transportation Research Part D Transport & Environment*, 2018, 59: 417 - 432.

[18] Shivasankaran, N., Kumar, P. S., Raja, K. V., "Hybrid Sorting Immune Simulated Annealing Algorithm For Flexible Job Shop Scheduling," *International Journal of Computational Intelligence Systems*, 2015, 8 (3): 455 - 466.

[19] Rui, Z., Cheng, W. A, . "Simulated Annealing Algorithm Based on Block Properties for the Job Shop Scheduling Problem with Total Weighted Tardiness Objective," *Computers & Operations Research*, 2017, 38 (5): 854 - 867.

[20] Ezugwu, E. S., Adewumi, A. O., Frîncu, M. E., "Simulated Annealing Based Symbiotic Organisms Search Optimization Algorithm for Traveling Salesman Problem," *Expert Systems with Applications*, 2017, 77: 189 - 210.

[21] Sahin, B., Yilmaz, H., Ust, Y., Guneri, A. F., Gulsun, B., "An Approach for Analyzing Transportation Costs and a Case Study," *European Journal of Operational Research*, 2009, 193: 1 - 11.

[22] Tavares, G., Zsigraiova, Z., Semiao, V., et al, "A Case Study of Fuel Savings Through Optimisation of MSW Transportation Routes," *Management of Environmental Quality: An International Journal*, 2013, 19 (4): 444 - 454.

[23] Xiao, Y., Zhao, Q., Kaku, I., et al, "Development of a Fuel Consumption Optimization Model for the Capacitated Vehicle Routing Problem," *Computers & Operations Research*, 2012, 39 (7): 1419 - 1431.

[24] Suzuki，Y.，"A Dual-objective Metaheuristic Approach to Solve Practical Pollution Routing Problem"，*International Journal of Production Economics*，2016，176：143－153.

[25] 刘虹、顾东晓、张悦等：《转型时期电商物流企业顾客忠诚度实证研究》，《预测》2016 年第 35 期。

[26] Lin，J. B.，Wan，J. Y.，Yao-Bin，L. U.，"Analysis of Factors Affecting Consumer Trust in E-commerce of Fresh Agricultural Products：Taking the Example of Fruits，" *Journal of Business Economics*，2015（5）：5－15.

[27] Voorhees，C. M.，Baker，J.，Bourdeau，B. L.，et al，"It Depends Moderating the Relationships Among Perceived Waiting Time，Anger，and Regret，" *Journal of Service Reaerch*，2009，12（2）：138－155.

[28] Tan，L.，Lin，F.，Hong，W.，"Adaptive Comprehensive Learning Bacterial Foraging Optimization and its Application on Vehicle Routing Problem with Time Windows，" *Neurocomputing*，2015，151（3）：1208－1215.

[29] Braekers，K.，Ramaekers，K.，Nieuwenhuyse，I. V.，"The Vehicle Routing Problem：State of the art Classification and Review，" *Computers & Industrial Engineering*，2016，99：300－313.

[30] Bouleimen，K.，Lecocq，H.，"A New Efficient Simulated Annealing Algorithm for the Resource-constrained Project Scheduling Problem and its Multiple Mode Version，" *European Journal of Operational Research*，2003，149（2）：268－281.

[31] 杨宇栋、朗茂祥、胡思继：《有时间窗车辆路径问题的模型及其改进模拟退火算法研究》，《管理工程学报》2006 年第 20 期。

[32] Yousefikhoshbakht，M.，Dolatnejad，A.，Didehvar，F.，et al，"A Modified Column Generation to Solve the Heterogeneous Fixed Fleet Open Vehicle Routing Problem，" *Journal of Engineering*，2016（3）：1－12.

食品安全感知影响因素的层次性研究*

韩广华　晏思敏　傅　啸**

摘　要： 本文重点研究了政府规制和公众的个体特性对食品安全风险感知的影响。根据影响因素的分层特征，首先，从风险感知理论的三个维度，即风险可控性、熟悉度和暴露程度出发，选取地方规范性文件数量、食品年度抽检次数等地方政府监管手段作为背景层测度指标；其次，将性别、年龄、婚姻、受教育程度和户口等个体层人口统计学特征指标纳入分析；最后将公众食品安全风险感知作为被解释变量，构建包含背景层与个体层的分层回归模型分析不同层次因素的影响。研究发现，女性、年轻、已婚、受教育程度较高的城镇居民具有更高的食品风险感知水平。从政府监管角度看，政府食品监管部门的抽检频次越多，民众的食品安全风险感知程度越低，即政府抽检频次能够显著降低民众食品安全的感知风险。同时，统计分析表明，政府抽检频次越高，食品安全风险感知的性别间差异越低。但是，食品安全地方规范性文件和省级经济状况对民众食品安全风险感知无直接的显著影响，而对年龄与食品安全感知的关系起到相反的调节作用。

---

* 本文是国家自然科学基金面上项目“‘社区支持农业’共享平台的运作机理与优化策略研究（71871105）”、杭州市哲学社会科学规划课题“可持续的食品安全风险治理中政府与企业责任机制研究（2018JD51）”和浙江省哲学社会科学规划课题“大数据环境下食品安全风险的管理机制创新研究——以浙江为例（18NDJC043YB）”阶段性研究成果。

** 韩广华，博士，上海交通大学国际与公共事务学院副教授，主要从事食品安全治理等方面的研究；晏思敏，上海交通大学国际与公共事务学院硕士研究生，主要从事食品安全治理等方面的研究；傅啸，杭州电子科技大学浙江省信息化发展研究院助理研究员，主要从事食品安全管理等方面的研究。

关键词： 食品安全　风险感知　分层线性回归模型

一　引言

食品安全风险本身和市民的食品安全风险认知可能具有不一致性[1]，基于主观心理因素的食品安全风险认知往往会放大食品安全风险程度，甚至与实际的风险水平出现较大的偏差[2]。近年来全国各地爆发的食品安全事件，使得公众对食品安全风险的关注程度显著增长，并在一段时间内引发公众的不满情绪乃至造成社会恐慌。在此背景下，研究公众食品安全风险感知形成的影响因素，探究如何消减民众食品安全风险感知偏差、弱化风险的社会放大效应，显得十分关键。

风险感知理论的分析可以分为个体主义和群体主义两种视角[3]。个体主义视角从公众个体出发，认为风险认知是基于个人的风险判断及心理表征，而群体主义视角则强调风险的社会文化和环境影响。一方面，风险感知的个体主义视角表明，基于主观心理因素的食品安全风险感知水平受到个体特征的影响，而多项研究[4~6]也表明个体因素差异直接带来了风险感知水平的变化。另一方面，风险感知的群体主义视角阐明了社会环境因素对个体的风险感知状况具有调节作用。在食品安全的风险管理领域，政府的风险交流措施是降低民众风险感知水平、弥合风险感知与实际偏差的重要途径。由于经济发展水平、市场成熟度以及对食品安全问题重视程度存在差距，我国各地方政府食品监管政策的完整性和有效性存在较大差异，各省的政策环境对公众食品安全风险感知的影响也不尽相同。因此，本文将食品安全风险感知的研究更加细化，在分析民众食品安全风险感知的影响因素问题上结合具体政策经济环境、个体特征两方面的视角进行层次性研究。

因此，本文基于 Slovic[1] 的风险感知理论，以省级政府政策经济环境、个体特征作为两层自变量，建立分层线性回归模型，综合考虑环境因素和个体因素如何影响公众食品安全的风险感知水平，以期提供一个兼具综合性和应用性的研究成果，为食品安全政策制定者提供可行、有效的政策建议。

二　文献综述

风险感知（Risk Perception）的概念最早由 Bauer[7]提出，他强调消费者的行为是由消费者对风险的主观认知，而非风险本身决定的。风险感知是指民众在进行购买决策时，感知到所购买产品质量不符合预期的可能性。Starr[8]基于风险与收益的对比分析，考量了主观因素在风险接受度上的作用。Slovic 等[1,9]则从不同视角对风险感知进行测量，认为风险概念是可量化且因人而异的，指出了一系列影响食品安全风险感知的因素，包括风险的可控制性、后果的严重性、风险延迟的属性、对风险的知识等。在食品安全领域，民众的风险感知与实际风险水平存在偏差，高估和低估实际风险的现象同时存在。风险的社会放大效应还会放大或缩小一个事故而形成未知风险和潜在威胁，产生超过灾害本身的直接影响[10]。风险目标理论则认为，人们对风险估计值的大小通常会因为风险暴露目标的不同而得到差异很大的结果，绝大多数人认为自己面临的风险小于其他人，这被称为“风险拒绝”的现象[11]。这主要是风险控制感的程度不同造成的，即指对某事件所造成的风险人们感觉到能保护自己并脱离险境的感受程度不同，风险控制感越高，风险拒绝程度越高，风险感知水平越低。另外，在情绪因子对风险感知的影响研究中发现，影响民众风险感知水平最重要的情绪是“愤怒”[10]。Frewer 等[12]则认为风险接受度与利益成正比，个体预期利益越大，风险接受度越高。总而言之，风险感知理论的相关研究表明，个体的风险感知水平受到多种因素的影响，具有社会建构性特征，更多表现为个体的主观评判结果，与实际风险水平存在较大差异。

关于食品安全风险感知影响因素的研究文献可以分为两种视角。一种是从个体视角出发，研究影响消费者个体的风险感知及其影响因素。Leikas 等[13]研究表明，性格特征、性别因素可以预测消费者食品安全风险感知水平，风险规避型、男性消费者具有更高的风险感知水平，而具有信息分析倾向的消费者的风险感知程度更低，其中的主要原因是对风险的恐惧程度、风险发生的可能性存在判断差异。Bearth 等[14]认为消费者的政策知识、政府信任度以及对天然产品的偏好等因素导致其对食品添加剂的风险感知存在差异。Rossi 等[15]研究证明了食品知识、风险信息的作用，他们通过对受过专业知识训练的食品处理者的调查研究，发现食品行业从业者普遍存在风险乐观估计的现象，即拥有更多食品知识的从业者倾向于认为其自身遭受食品安全风险的可能性低于他人。Hilverda 等[6]的研究也支持拥有更多食品安全知识信息的消费者倾向于更低水平的风险感知。在国内，国内食品市场机制的缺失和制度的不完善使得食品安全问题更加突出。基于消费者个体视角，许多文献研究了性别、年龄、婚姻、教育及收入等个体特征因素对居民食品安全风险感知的直接影响。王志刚[4]从个体特征视角进行研究，发现女性、月收入高、学历高的消费者对食品安全问题的关心程度高。赵源等[5]的分析则认为男性比女性对食品信息的了解程度更高。总而言之，从个体视角分析食品风险感知问题的研究结果表明，个体特征、食品知识及风险信息等因素对食品安全风险感知产生显著影响，但研究结论存在一定差异。

食品安全风险感知影响因素研究的另一种视角是群体视角，强调社会环境及文化的影响作用。在社会环境和政策监管方面，发达国家由于已经形成了相对完善的食品监管体制和成熟的市场机制，对食品安全风险的研究侧重于对不可控的、潜在风险的分析。Yeung 等[11]将食品风险总结为三类，包括微生物灾害、化学灾害以及技术灾害，分别对应细菌、化学添加剂以及如转基因等食品改进技术引起的风险。Hohl 等[16]通过对 25 个欧洲国家的数据建立分层线性回归模型，研究发现最重要的三种食品感知风险分别是污染和变质、食品健康性、生产过程与卫生状况，并且国家社会背景和个体因素同时对居民的食品安全感知水平产生影响。在社会影响因素方面，Vila 等[17]基于对英国和西班牙的面板数据分析发现，媒体报道偏见提升了消费者对转基因食品的风险评估。Kleef 等[18]则提出政府机构的监管政策、风险管理举措、监管体系内的优先性考量、科技进步以及媒体关注、食品安全事故等诸多因素，决定消费者和食品安全专家的食品风险感知状况。Houghton 等[19]通过对英国、德国、希腊及丹麦四国的调查研究表明，公众认为最重要的食品风险管理措施主要有三个方面——风险应急控制系统、风险预防调查研究以及风险信息公开过程，这些措施都与消费者的风险控制感、食品政策的制定直接相关。Cope 等[20]则认为监管者在进行风险交流的过程中应向公众披露风险感知知识、个体偏好信息以及特定社会背景下的规制政策，同时还应提供食品安全技术研究的进展与不确定性信息，在考虑到跨文化差异的背景下制定不同的食品风险交流策略。Tiozzo 等[21]通过半结构式访谈调查发现，食品质量和风险可控性直接决定了消费者的风险感知状况，而消费者食品风险可控制感低的现象是普遍存在的。综上可以看出，国外文献对食品风险监管的研究主要关注食品生产的过程控制、食品技术信息披露的影响作用，较少关注国内突出的食品安全道德风险问题。而在国内文献的分析中，范春梅等[22]以问题奶粉事件为例，强调了食品安全事件中，风险信息对消费者风险控制感和风险感知水平的影响。也有一些研究关注媒体报道对消费者食品风险感知的影响[23]。赖泽栋等[24]则从食品风险传播行为的角度分析，认为我国公众对当前食品安全风险普遍担忧，存在悲观偏差效应，易导致食品谣言的产生。在政府对食品风险感知的管理层面，民众对食品安全责任归咎存在着加重政府责任而相对弱化个人和企业责任的现象[25]。因此有研究认为政府应发挥专家的风险评估作用，弥合公众风险感知与实际风险的偏差，这一目标需要通过风险交流的过程实现[26]。张文胜[2]则强调了政府信息公开是缩小风险感知偏差的前提条件，而有效的食品安全政策则是提升食品安全现状的根本保障。通过对消费者食品风险感知的深层原因分析，胡卫中[27]认为“失去控制”“严重后果”“政府失职”是造成消费者食品风险感知差异的主要因素。周应恒等[28]则将风险感知影响因素表述为“控制程度”和“忧虑程度”，以及“了解程度”和“危害程度”。

通过对以上文献的梳理分析可以看出，国内外文献都强调食品风险感知的主观建构性特征，个体特征差异造成消费者对食品安全风险的主观感知程度存在一定区别。同时，食品知识、风险信息以及媒体报道等社会文化因素也会对公众的食品风险感知产生引导作用。政府作为食品安全监管者，其政策制定的适当性、风险交流措施的合理性对居民的风险感知水平具有直接的影响效果。从研究视角上看，现有研究包含两个方面，即个体层面和群体层面。个体层面大多基于某一特定消费群体的具体消费行为进行研究，而群体层面多从监管体制合理性、规制有效性的宏观层面进行探讨。然而，目前鲜有研究将个体特征与宏观措施进行集成研究，分析宏观因素对食品安全感知的影响，特别是探究宏观因素对个体特征与食品安全感知关系的调节作用。因此本文将公众的个体特征与宏观政策（即省级政府的食品安全抽查力度、经济能力和规范性制度）相结合，分析两者对食品安全风险感知的直接作用以及两者的交互效应，从而对食品安全风险认知的机理研究和管理制度起到一定启示作用。

三　研究假设

（一）背景层变量假设

Slovic 等[9]的研究从影响个体风险感知的一系列因素中，提炼出了三个决定风险感知水平的公共因素，即风险的恐惧感、熟悉程度和风险暴露程度，这三者综合涵盖了影响风险感知的多方面因素，奠定了风险感知理论的研究基础。消费者对食品风险的恐惧感主要包括无法控制感、致命后果、对后代的高风险性等方面。其中最关键的是风险可控制感，直接决定了消费者对食品安全风险的恐惧程度。风险控制感是指对某事件所造成的风险，人们感觉到能保护自己并脱离险境的感受程度[11]。风险控制感越高，人们评估自己遭遇风险的可能性就越低，风险感知水平就越低。通过提升风险的可控性，能够有效降低居民的食品安全风险感知水平[29]。由于食品行业具有信息不对称、道德风险等问题，政府监管在食品行业中起到了关键性作用，公众的食品风险控制感在很大程度上受到政府规制、政策制定的显著影响。在监管实践方面，地方政府在食品安全监管方面的规范性文件数量越多、监管政策越完善，体现出地方政府对食品安全事务的重视程度越高、监管力度越大，食品安全的可控程度越高[30]。公众将预期食品安全状况得到改善，从而降低风险恐惧感及食品风险的感知水平，由此提出以下假设。

H1：省级地方政府食品安全监管的规范性文件数目越多，居民食品安全风险感知水平越低。

居民食品风险的熟悉程度包括风险是否可观察、可了解，食品危害的滞后性，科学未知的风险以及感知到的政府行为的恰当性等内容。对风险越熟悉，越能准确认知风险的严重程度，越能避免因恐慌情绪而陷入过高评估风险的状况，消费者的风险感知水平就越低。政府监管部门可以通过食品安全知识的科普教育、食品风险信息的公布等措施，提升公众的食品风险熟悉度，从而减少民众食品安全风险感知与实际风险之间的偏差，缩小风险放大效应的影响范围。2014 年底国家食品药品监督管理总局颁布了《食品安全抽样检验管理办法》，要求地方食品药品监督管理部门建立食品抽样管理制度，定期对管辖范围内的食品进行监督抽检，并在官网上公开食品抽检的不合格信息，供消费者查询。通过这一制度的建立，各地方食品的安全风险信息更加透明化，民众可以知晓各类食品存在的不同风险以及风险发生的概率，对问题食品有更清晰的了解。同时监管部门在公布食品抽检结果信息的同时，往往也会对居民进行消费提醒，普及各类食品的安全相关知识，从而有效提升居民的风险熟悉程度。因此，监管部门抽检食品的次数越多，公布的抽检信息越频繁，越有利于民众获取食品风险信息、安全知识以及提升风险熟悉度，降低食品风险感知水平，据此提出以下假设。

H2：省级地方监管部门的年度食品抽检次数越多，公众的食品安全风险感知水平越低。

食品风险的暴露程度包括食品安全事件下暴露于风险中的总人数，以及消费者个人的风险暴露程度两方面。消费者对食品风险存在抵触心理，风险暴露程度越高，风险感知水平越高。由于各地方经济发展水平不同，食品行业的市场成熟度和行业规范机制完善程度各不相同[31]。经济发展水平较高的地区，食品加工和服务行业更加发达，食品安全事件发生的概率也相对较高，消费者个人暴露于食品风险中的可能性更大。此外，经济发展较好的地区人口数量和人口密度也往往较大，一旦发生食品安全事故，所涉及的影响范围更加广泛，暴露于风险中的总人数越多，危害性往往也越大。因此，经济发展更好的地区，消费者食品风险感知水平相对较高[32]。有必要将各省的经济发展指标 GDP 作为经济环境变量纳入模型进行探讨，由此提出以下假设。

H3：省级单位经济发展水平越高，生产总值越大，居民的食品安全风险感知水平越高。

（二）个体层变量假设

风险感知作为一种主观性的心理现象，其水平高低与个体自身因素密切相关。为探析民众食品安全风险感知水平的影响因素，有必要将个体特征数据作为解释变量纳入模型进行分析。如前所述，现有研究中已有多篇文章表明个体特征指标（如年龄、性别、婚育状况、受教育程度等）对居民的食品安全风险感知存在显著影响[33]。相较而言，女性与食品接触的频次更多、对食品安全问题更关心，对食品安全风险的恐惧程度较高，往往具有较高的食品安全风险感知水平。相较于年轻消费群体，年龄较大的消费者生活经验较丰富，一般具备更充分的食品安全知识，对食品风险的熟悉程度相对较高，风险感知程度较低[1,27]。已婚育的群体需要考虑家庭成员特别是未成年子女的健康因素，对食品风险事件信息更敏感，对食品风险的恐惧程度较高[28]。受教育程度更高的消费者更加关注食品安全事件的报道，更加注重健康生活的方式，往往也具有更高的风险感知水平。由于食品加工和服务业发达，城镇居民所面临的食品安全事件发生的概率要显著高于农村，风险暴露程度和可能性更大，因此对食品风险感知程度也更高。基于以上分析，提出个体层变量对食品风险感知影响的研究假设。

H4：女性、年轻、已婚、有未成年子女、受教育程度更高的城镇消费者的食品风险感知水平更高。

本文所使用的数据具有分层特点，选取了分层线性回归模型这一方法，同时探讨个体层变量所引起的食品风险感知差异与背景层变量带来的影响，并将两层变量结合起来，探析背景层变量的调节作用如何影响个体特征对食品风险感知的作用过程，具有综合性的分析效果。在此本文不对背景层变量的调节作用做出任何假设，只在模型讨论部分探讨数据分析的结果。本文的总体研究框架如图 1 所示。

四　实证分析

（一）数据与方法

本文所使用的个体层解释变量和被解释变量数据来自 2015 年“中国

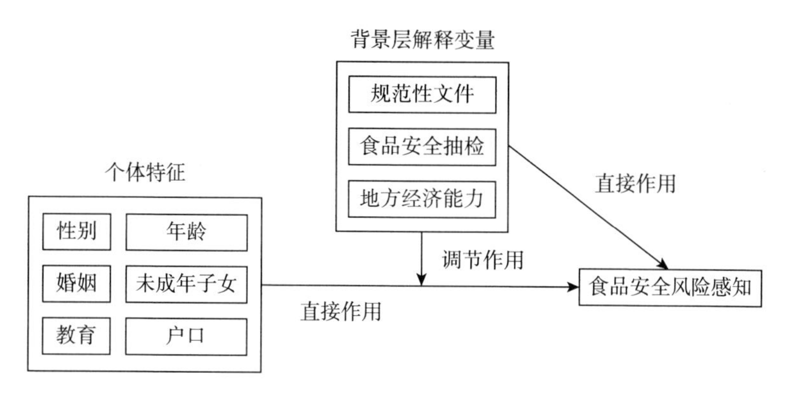

图 1　食品风险感知分层分析框架

城乡社会治理调查”。调查于 2015 年 7 月启动，历时 5 个月，涵盖全国 26 个省份，共随机抽取 125 个县级单位，完成有效样本 4068 份，有效完成率 67%。本文的背景层解释变量以省级行政单位进行划分，数据来源主要是各省份食品药品监督管理局官方网站上的公开信息。规范性文件包括了 2015 年 12 月 31 日前各省份颁布的、尚在施行的食品安全事务相关的地方性法规、地方政府规章和省级食药监局规范性文件，剔除了全国性法规、行政法规、国家食药监总局规范性文件以及已失效或废止的、重复的、更新的政策文件等，有针对性地考量省级政府的食品安全监管政策数目，政策文件主要涵盖风险监测、事故处理、生产经营及监督管理标准等文件类型。各省份的食品抽检数据通过汇总 2015 年度省级食药监局公布的食品抽检次数得到，包括国家食药监总局委托给省级地方食药监局的抽检任务，不涵盖省级以下市县级地方食药监局的抽检信息。各省份的国内生产总值（GDP）数据来源于《2016 年中国统计年鉴》（收录 2015 年数据）。

本文所采的研究方法是分层线性回归模型（Hierarchical Linear Model，HLM）。HLM 是由不同层次的自变量解释同一变量的一体化模型，通过这种处理可以探索不同层面变量对因变量的影响。本文以省级政策经济环境、个体特征作为两层自变量，建立双层线性回归模型。

（二）变量及描述性统计

个体层解释变量包括性别、年龄、婚姻、未成年子女、受教育程度、户口所在地等个体特征指标，数据来源于调查问卷的直接收集，变量定义及分类如表 1 所示。去除无响应样本和回答质量偏低的样本后[①]，余下共 3358 个观测对象数据。从频数及百分比数据可以看出，被访者的男女性别比例分布较均衡，各自约占半数。在年龄段分布上，各年龄段均有一定数量的被访者代表，年长的被访者人数相对较多。

表 1　第一水平变量定义及描述性统计

变量	定义	频数	比例（%）
性别（gender）	女 =0	1667	49.64
	男 =1	1691	50.36
年龄（age）	18 ~29 岁 =1	618	18.40
	30 ~39 岁 =2	509	15.16
	40 ~49 岁 =3	711	21.17
	50 ~59 岁 =4	656	19.54
	60 岁及以上 =5	864	25.73
婚姻（marriage）	未婚、寡居、分居、离婚 =0	571	17.00
	已婚、同居 =1	2787	83.00
未成年子女（underage children）	无	1948	58.01
受教育程度（edu-level）	小学及以下 =1	1306	38.89
	初中 =2	1062	31.63
	高中 =3	586	17.45
	大专及以上 =4	422	12.57
户口所在地（hukou）	没户口 =0	12	0.36
	农业户口 =1	2480	73.85
	非农业户口 =2	866	25.79

背景层解释变量为省级单位食品安全事务的相关指标（见表 2），包括地方规范性文件数量、食品年度抽检次数以及 GDP 指标。背景层变量数据包括除天津、青海、宁夏、西藏、新疆及港澳台地区外的 26 个省级行政单位数据。从数据统计结果来看，各省监管部门制定的食品安全监管文件数

① 调查中设计了访问员自填问题：“采访对象回答问题的可信度：1. 非常可信；2. 可信；3. 不可信；4 非常不可信。”本文研究中去除了不可信和非常不可信的样本。

量存在较大差异，最少的地区只有 1 份地方规范性文件，而最多的地区则出台了 32 份规范文件。监管力度的差异也体现在省级食药监局的食品年度抽检次数上，最少的地区只有 1152 次，而最高的地区当年抽检次数达到了 32594 次，各省份均值则是 8885 次。省级 GDP 指标最小值为 3702.76 亿元，最大地区则为 72812.55 亿元。从描述性统计结果可以看出，各省份食品安全的监管政策及经济环境存在较大差异，以省级单位数据作为背景层自变量具有较好的研究适用性。为减少异方差问题，对抽检次数、地方 GDP 取对数作为变量数据。

被解释变量为居民的食品安全现状评价，主要通过问卷调查中的问题“我国目前以下各方面的状况如何”进行测量。该题通过 1 ~ 10 分的打分形式对包含食品安全现状评价在内的 9 个问题进行评估，1 分为食品安全现状非常差，10 分则评价为非常好。得分越高，公众对我国食品安全现状的风险评价越乐观，风险感知程度越低。食品安全现状评价的总体平均得分不高，只有 5.41 分，在一定程度上反映了居民总体对我国食品安全现状的满意度较低。评价最好的地区平均得分为 6.65 分，而最差的地区只有 4.32 分，可以看出不同地区居民对食品风险的感知程度存在较大的差异。

表 2　第二水平变量、被解释变量及描述性统计

变量	最小值	最大值	平均值	标准差
规范性文件（docs）	1	32	9.35	7.29
抽检次数（tests）	1152	32594	8885.12	6749.98
省内生产总值（GDP）	3702.76	72812.55	26559.60	17991.95
食品安全评价（riskper）	4.32	6.65	5.41	0.54

（三）模型及结果分析

运用分层线性回归模型，对食品风险感知各水平变量之间的影响关系进行验证。模型分析主要分为三个步骤：首先，建立零模型以验证背景层变量的解释力，从而判断分层线性回归模型的适用性；其次，建立随机参数回归模型以判断个体特征变量对食品风险感知的直接影响作用，剔除不显著指标；最后，建立完整模型以分析背景层变量的直接作用和调节作用，得到完整的分析结论。

1. 验证模型适用性

$$水平一：Y_{ij} = \beta_{0j} + r_{ij} \quad (1)$$

$$水平二：\beta_{0j} = G_{00} + U_{0j} \quad (2)$$

零模型又称虚无模型、随机效应一元方差分析模型，该模型在个体和背景层面都不包括任何解释变量，目的是通过分析被解释变量在个体层面和背景层面的方差成分占比，进而判断总体变异中有多大比例是由背景层变量所引起的，来决定是否有必要建立分层线性模型。组内相关系数（ICC）代表背景层方差/总方差的比值，ICC 值越高表明背景层变量能解释更多的总方差。表 3 中模型 1 为零模型分析结果。可以看出，个体层的方差（层一方差成分）估计值为6.11，远大于背景层的方差（层二方差成分）估计值 0.21，得到模型 ICC 值为 0.21/（0.21 + 6.11）= 0.033，即居民风险感知水平差异的 3.3% 是由于背景层因素差异引起的。这一 ICC 值虽然不高，但恰恰体现了居民风险感知水平的主观性特征显著，与个体指标相关性更强。以往的分层线性回归模型分析中，背景层因素方差成分占比也普遍较低。进一步分析，背景层方差是对不同地区被解释变量的方差估计，该检验结果表明具有显著性，即不同省份居民的食品风险感知状况存在显著差异。因此，有必要建立分层线性回归模型进行更详尽的分析。

2. 检验个体层变量

$$水平一：Y_{ij} = \beta_{0j} + \beta_{1j}(gender) + \beta_{2j}(agegrp) + \beta_{3j}(marriage) + \beta_{4j}(children) + \beta_{5j}(edulevel) + \beta_{6j}(hukou) + r_{ij} \quad (3)$$

$$水平二：\beta_{0j} = G_{00} + U_{0j}；\beta_{1j} = G_{10}；\beta_{2j} = G_{20} + U_{2j}；\beta_{3j} = G_{30} + U_{3j}；\beta_{4j} = G_{40}；\beta_{5j} = G_{50}；\beta_{6j} = G_{60} + U_{6j} \quad (4)$$

下一步建立随机参数回归模型，目的是检验个体特征变量对食品风险感知的影响作用。将个体层面的所有解释变量纳入模型，但没有加入背景层变量，且截距项和各回归系数先设定为随机。如果个体层变量在背景层的方差成分不显著，则将其系数设置为固定效应。发现性别、未成年子女、受教育程度变量在背景层面的变异不显著，因而将该三项系数设为固定效应，从而得到表 3 中模型 2 的回归结果。从回归结果可以看出，性别、年龄、受教育程度和户口等个体指标在0.01的水平上显著，婚姻状况在0.1水平上显著性，这表明个体特征对食品风险感知的解释力度总体较强。第一，性别变量系数为正，说明男性对食品安全现状的评价较高，风险感知程度较低。而女性对食品安全风险的恐惧程度则相对较高，风险感知程度更高，这主要与女性在日常生活中更多接触食品、对食品安全的关注度更高有关。第二，年龄系数为正，表明相较于年长受访者，年轻消费群体对食品风险现状的评价较差，食品风险的感知程度较高。主要原因是年轻消费群体的食品安全知识水平、食品风险信息了解程度往往较低，且更容易受到媒体负面报道和社会恐慌情绪的影响，因此往往具有更高的风险感知水平。第三，婚姻状况的系数为负，说明相较于未婚、独居者，已婚、同居的受访者认为食品安全现状更加严峻。已婚、同居群体所关注的是所有家庭成员的健康问题，不仅考虑到自身，更需要考虑到伴侣的饮食安全性，因此食品安全风险感知水平也相对高于未婚、独居群体。第四，受教育程度系数为负，反映了受教育程度越高的受访者，对食品安全风险现状的评价越差。受教育程度更高的群体，对自身的饮食安全保障性问题更加关注，对食品安全事件的媒体报道更加敏感，往往具有更高的食品风险感知水平。第五，城乡差异对居民风险感知状况的系数为负，说明城镇户口居民的食品风险感知程度更高，对食品安全风险现状存在更消极的评价。城市的食品加工和服务行业远比农村发达，同时食品安全事件爆发的概率和频次也远高于农村，居民的食品风险暴露程度较高，因此风险感知水平也更高。总的来看，除了未成年子女指标，模型二的回归结果较好地验证了其他个体变量影响的研究假设，与其他文献的研究结论也有呼应，反映了个体特征因素对公众食品风险感知的影响作用十分显著。

表3 分层线性模型回归系数

变量	模型1	模型2	模型3
固定效应截距	5.45 *** (0.101)	6.75 *** (0.295)	4.03 (4.443)
性别		0.31 *** (0.077)	2.44 *** (0.914)

续表

变量	模型 1	模型 2	模型 3
年龄		0.26 *** (0.044)	-0.82 (0.193)
婚姻状况		-0.26 * (0.150)	2.88 * (1.489)
未成年子女		-0.03 (0.037)	—
受教育程度		-0.45 *** (0.041)	-0.60 (0.880)
户口所在地		-0.67 *** (0.146)	-0.84 (3.170)
地方规范文件数量			0.03 (0.046)
省局食品抽检次数			0.93 * (0.521)
省级 GDP			-0.58 (0.525)
层二方差成分	0.21 ***	0.70 *	1.22 *
层一方差成分	6.11	5.40	5.38

注：( ) 内为标准误。显著性水平：* $p<0.1$，** $p<0.05$，*** $p<0.01$。

3. 检验背景层变量

$$\text{水平一}: Y_{ij} = \beta_{0j} + \beta_{1j}(gender) + \beta_{2j}(agegrp) + \beta_{3j}(marriage) + \beta_{4j}(edulevel) + \beta_{5j}(hukou) + r_{ij} \tag{5}$$

$$\text{水平二}: \beta_{0j} = G_{00} + G_{01}(docs) + G_{02}(Lntests) + G_{03}(LnGDP) + U_{0j} \tag{6}$$

$$\beta_{1j} = G_{10} + G_{11}(docs) + G_{12}(Lntests) + G_{13}(LnGDP) \tag{7}$$

$$\beta_{2j} = G_{20} + G_{21}(docs) + G_{22}(Lntests) + G_{23}(LnGDP) + U_{2j} \tag{8}$$

$$\beta_{3j} = G_{30} + G_{31}(docs) + G_{32}(Lntests) + G_{33}(LnGDP) + U_{3j} \tag{9}$$

$$\beta_{4j} = G_{40} + G_{41}(docs) + G_{42}(Lntests) + G_{43}(LnGDP) \tag{10}$$

$$\beta_{5j} = G_{50} + G_{51}(docs) + G_{52}(Lntests) + G_{53}(LnGDP) + U_{5j} \tag{11}$$

第三步，将背景层变量加入模型，得到包含个体层和背景层解释变量的完整模型。通过完整模型的建立，可以考量背景层政策环境因素对居民食品风险感知水平的直接影响作用，以及背景层变量对个体层变量与被解释变量之间关系的调节作用。在直接影响方面，通过表3中模型3的回归结果可以看出以下两点。第一，省食药监局食品抽检次数对居民食品风险感知程度有显著的影响作用（$p<0.1$），系数（0.93）为正，表示食品年度抽检次数越多，居民对食品安全的评价得分越高，食品风险感知程度越低。这一结果验证了研究假设H2，反映了食品抽检次数越多，抽检信息公布越频繁，越有助于居民获得食品安全知识和信息，表明地方监管部门的食品抽检监管措施提升了公众风险熟悉度，有助于改善食品风险感知状况。第二，地方规范性文件数量与食品安全现状评价的关系系数（0.03）为正，地方GDP指标与评价得分的关系系数（-0.58）为负，但两者的回归系数并不显著。规范性文件数量对食品风险感知的直接作用不显著的主要原因可能是某些地方食药监局未及时公布或者更新、标注已废止或失效的政策文件，或者未在官网上完整发布法规文件目录，因此，本文所收集的数据可能与实际适用的地方法规数量有所出入。地方GDP指标不显著，说明经济发展差距对居民食品风险感知的影响并不体现在省际环境，而更多地体现在城市与农村之间（个体层的户口变量显著），城乡经济环境差异对食品风险感知的影响比地区间经济环境差异的影响更加显著。

与只含个体层指标的模型2相比，在加入背景层变量的完整模型3中，个体层变量的回归系数也发生了一定变化。性别指标的系数从0.31变为2.44，显著性水平仍为0.01，这说明加入背景层解释变量后，性别与食品风险感知的相关关系增强，女性具有更高食品风险感知水平的倾向更加明显。婚姻指标的系数由-0.26变为2.88，显著性水平下降为0.1，说明纳入背景层解释变量后，已婚群体的食品风险感知水平反而低于未婚群体。而年龄、受教育程度、户口等个体指标的回归系数则不再显著。这说明，同时包含背景层和个体层解释变量的完整模型中，背景层解释变量对个体层解释变量产生一定的影响，使得个体指标与食品风险感知水平之间的关系产生变动，因此，接下来需要进一步探讨背景层变量的调节作用。

表 4 背景层变量的调节作用系数

变量	地方规范文件数量	省局食品抽检次数	省级 GDP
性别	-0.01 (0.011)	-0.26*** (0.078)	0.03 (0.089)
年龄	-0.01* (0.005)	-0.02 (0.061)	0.13* (0.067)
婚姻状况	0.01 (0.020)	-0.25 (0.214)	-0.10 (0.184)
受教育程度	-0.01 (0.007)	0.02 (0.067)	0.01 (0.067)
户口所在地	-0.01 (0.019)	-0.01 (0.254)	0.03 (0.255)

进一步分析背景层变量对个体层变量的调节作用发现（见表 4）以下三点。第一，食品抽检次数对性别与食品风险感知的关系具有显著的反向调节作用（系数为 -0.26，$p<0.01$），也就是说地方食药监局食品抽检次数越多，个体性别因素对食品风险感知的影响程度越小。考虑到食品抽检次数对食品风险感知的直接影响作用也是显著的，这说明了地方食药监局的抽检信息公开越频繁，民众的食品安全知识和风险信息越充分。这有效减少了女性消费者对食品安全未知风险的恐慌情绪，也有助于其放心进行食品选择和购买，从而降低食品安全问题的忧虑程度和风险感知水平，缩小了与男性消费者食品风险的感知差异。第二，地方规范性文件数量对年龄层与食品风险感知的关系的调节作用也是反向的（系数为 -0.01），表明规范性文件数量越多，年龄对食品风险感知的影响作用越小，监管部门的规范性政策能够增强年轻消费群体的食品安全控制感，缩小年龄层带来的风险感知差异，这一结果在 0.1 的水平上显著。第三，省级 GDP 指标对年龄与食品风险感知的关系则有显著的正向调节作用（系数为 0.13，$p<0.1$），说明经济发展水平越高的地区，不同年龄层次居民风险感知水平的差异越大。经济发展水平较高的地区食品风险暴露程度更高，而年轻消费者由于网络及社交渠道的多样性，对食品安全事件信息的获取更为便捷，一旦发生食品安全事件，其风险感知程度将上升更明显，因此经济发展更好的地区，年龄分布对食品风险感知的影响更显著。

此外，背景层因素对婚姻状况、受教育程度以及户口影响的调节作用不显著。如前所述，对于不同性别、年龄层的群体，监管措施可以通过调节其食品风险控制感、恐惧程度等主观心理因素，达到降低其食品风险感知水平的目的。相较而言，不同婚姻状况、不同受教育程度消费者的风险感知状况具有更稳定的特征。地方监管措施、经济发展水平对不同婚姻状况的消费者的主观心理影响程度基本一致，而受教育程度不同的消费者对食品安全现状的认知往往具有固化倾向，难以通过短期监管措施进行调节。此外，地方规范性文件、食品抽检次数以及 GDP 指标对个体户口的影响没有显著调节作用，这是因为城乡居民的食品风险感知水平差异是由城乡社会结构和社会环境的固有差异是造成的，城乡间食品市场的结构化差异无法通过监管措施、省份经济发展进行调整，城市经济环境的高度市场化与复杂化特征使得城市居民必然更多地暴露于食品风险中，具有更高的食品风险感知水平。

五　主要结论、政策建议与研究局限性

（一）主要结论

本文研究了省级政策经济环境与个体特征因素对公众食品安全风险感知水平的影响机制。基于 Slovic 的风险感知理论[1]，选取了地方规范性文件数量、食品年度抽检次数以及省级 GDP 三个指标作为背景层解释变量，性别、年龄、婚姻状况、未成年子女、受教育程度和户口等人口统计学特征指标作为个体层解释变量，建立分层线性回归模型，对居民食品风险感知水平的影响因素进行了探讨，主要得到以下三个研究结论。第一，女性、年轻、已婚、受教育程度较高的城镇居民具有更高的食品风险感知水平。第二，地方监管部门食品年度抽检次数越多，民众的食品风险控制感程度越高，食品风险感知水平越低，且性别因素对食品风险感知的影响程度越低。第三，地方规范性文件数量与 GDP 指标的影响则主要体现在对个体变量影响的调节作用方面。规范性文件数量对年龄层的影响具有反向调节作用，规范性文件数量越多，年龄对食品风险感知的影响作用越小。省

级 GDP 指标对年龄层的影响则有显著的正向调节作用，经济发展水平越高的地区，不同年龄层次居民风险感知水平的差异越大。背景层因素对婚姻状况、受教育程度以及户口影响的调节作用则不显著。

（二）政策建议

分层分析发现，受访者个体特征之间的差异能够解释绝大部分的食品风险感知差异。因此，在针对居民食品安全的风险交流措施中，建议重点关注女性群体、年轻人群等的风险交流过程，积极运用监管措施调节其风险感知，缩小因个体特征因素差异带来的食品安全风险感知偏差。研究同时发现，公布抽检不合格食品信息的做法有助于降低食品风险感知水平。因此，抽检等食品风险信息公开工作应该作为政府食品安全治理中的常态化工作，降低居民的食品安全焦虑程度，以及面临食品安全危机时的系统性恐慌情绪。同时，经济发展水平放大了食品安全感知在年龄上的差异性，因此在经济发展好的地区更应该将年龄差异度纳入食品安全政策和监管考虑范围中。

（三）研究局限性

由于本文个体层数据来源主要针对城乡社会治理问题调研，因此在个体特征因素变量选取方面，只包含了基本的人口统计学特征指标，未能涵盖更多的个体特征因素。同时，由于考虑到数据可靠性、可获得性以及完整性等问题，背景层因素也只选择了相对有限的指标，可能存在其他更好的背景层解释变量，这也是本研究在未来需要进一步改进的方面。

参考文献

[1] Smith, D., Riethmuller, P., "Consumer Concerns About Food Safety in Australia and Japan," *International Journal of Social Economics*, 1999, 26 (6): 724 - 742.

[2] 张文胜：《消费者食品安全风险认知与食品安全政策有效性分析——以天津市为例》，《农业技术经济》2013 年第 3 期。

[3] 刘金平：《理解・沟通・控制：公众的风险认知》，科学出版社，2011。

[4] 王志刚：《食品安全的认知和消费决定：关于天津市个体消费者的实证分析》，《中国农村经济》2003 年第 4 期。

[5] 赵源、唐建生、李菲菲：《食品安全危机中公众风险认知和信息需求调查分析》，《现代财经》（天津财经大学学报）2012 年第 6 期。

[6] Hilverda, F., Kuttschreuter, M., Giebels, E., "Social Media Mediated Interaction with Peers, Experts and Anonymous Authors: Conversation Partner and Message Framing Effects on Risk Perception and Sense-making of Organic Food," *Food Quality and Preference*, 2017, 56: 107 - 118.

[7] Langford, I. H., Marris, C., McDonald, A. L., et al., "Simultaneous Analysis of Individual and Aggregate Responses in Psychometric Data Using Multilevel Modeling," *Risk Analysis*, 1999, 19 (4): 675 - 683.

[8] Starr, C., "Social Benefit versus Technological Risk," *Science*, 1969: 1232 - 1238.

[9] Slovic, P., Fischhoff, B., Lichtenstein, S., "Rating the Risks," in *Risk/Benefit Analysis in Water Resources Planning and Management*, Springer, Boston, MA, 1981: 193 - 217.

[10] Sandman, P. M., "Risk Communication: Facing Public Outrage," *Epa Journal*, 1987, 13: 21.

[11] Yeung, R. M. W., Morris, J., "Consumer Perception of Food Risk in Chicken Meat," *Nutrition & Food Science*, 2001, 31 (6): 270 - 279.

[12] Frewer, L. J., Shepherd, R., Sparks, P., "Biotechnology and Food Production: Knowledge and Perceived Risk," *British Food Journal*, 1994, 96 (9): 26 - 32.

[13] Leikas, S., Lindeman, M., Roininen, K., et al, "Food Risk Perceptions, Gender, and Individual Differences in Avoidance and Approach Motivation, Intuitive and Analytic Thinking Styles, and Anxiety," *Appetite*, 2007, 48 (2): 232 - 240.

[14] Bearth, A., Cousin, M. E., Siegrist, M., "The Consumer's Perception of Artificial Food Additives: Influences on Acceptance, Risk and Benefit Perceptions," *Food Quality and Preference*, 2014, 38: 14 - 23.

[15] Rossi, M. S. C., Stedefeldt, E., da Cunha, D. T., et al, "Food Safety Knowledge, Optimistic Bias and Risk Perception Among Food Handlers in Institutional Food Services," *Food Control*, 2017, 73: 681 - 688.

[16] Hohl, K., Gaskell, G., "European Public Perceptions of Food Risk: Cross-national and Methodological Comparisons," *Risk Analysis: An International Journal*, 2008, 28 (2): 311 - 324.

[17] Vilella-Vila, M., Costa-Font, J., "Press Media Reporting Effects on Risk Perceptions

and Attitudes Towards Genetically Modified (GM) Food," *Journal of Socio-Economics*, 2008, 37 (5): 2095.

[18] Van Kleef, E., Frewer, L. J., Chryssochoidis, G. M., et al., "Perceptions of Food Risk Management Among Key Stakeholders: Results from a Cross-European Study," *Appetite*, 2006, 47 (1): 46 - 63.

[19] Houghton, J. R., Van Kleef, E., Rowe, G., et al., "Consumer Perceptions of the Effectiveness of Food Risk Management Practices: A Cross-cultural Study," *Health, Risk & Society*, 2006, 8 (2): 165 - 183.

[20] Cope, S., Frewer, L. J., Houghton, J., et al., "Consumer Perceptions of Best Practice in Food Risk Communication and Management: Implications for Risk Analysis Policy," *Food Policy*, 2010, 35 (4): 349 - 357.

[21] Tiozzo, B., Mari, S., Ruzza, M., et al., "Consumers' Perceptions of Food Risks: A Snapshot of the Italian Triveneto Area," *Appetite*, 2017, 111: 105 - 115.

[22] 范春梅、贾建民、李华强：《食品安全事件中的公众风险感知及应对行为研究——以问题奶粉事件为例》，《管理评论》2012 年第 1 期。

[23] 吴林海、钟颖琦、山丽杰：《公众食品添加剂风险感知的影响因素分析》，《中国农村经济》2013 年第 5 期。

[24] 赖泽栋、杨建州：《食品谣言为什么容易产生？——食品安全风险认知下的传播行为实证研究》，《科学与社会》2014 年第 1 期。

[25] 张金荣、刘岩等：《公众对食品安全风险的感知与建构——基于三城市公众食品安全风险感知状况调查的分析》，《吉林大学社会科学学报》2013 年第 2 期。

[26] 钟凯、韩蕃璠等：《食品安全风险的认知学特征及风险交流策略》，《中国食品卫生杂志》2013 年第 6 期。

[27] 胡卫中：《消费者食品安全风险认知的实证研究》，博士学位论文，浙江大学，2010。

[28] 周应恒、卓佳：《消费者食品安全风险认知研究——基于三聚氰胺事件下南京消费者的调查》，《农业技术经济》2010 年第 2 期。

[29] 吴林海、尹世久、陈秀娟、浦徐进、王建华：《从农田到餐桌，如何保证"舌尖上的安全"——我国食品安全风险治理及形势分析》，《中国食品安全治理评论》2018 年第 1 期。

[30] 吕珊珊、王一琴、尹世久：《食品安全认证标签和品牌的消费者偏好及其交互效应研究》，《中国食品安全治理评论》2018 年第 1 期。

[31] 陈雨生：《认证食品消费行为与认证制度发展研究》，《中国食品安全治理评论》

2014 年第 1 期。

[32] 吴林海、刘萍萍、陈秀娟：《消费者可追溯猪肉购买行为中的诱饵效应研究》，《中国食品安全治理评论》2018 年第 2 期。

[33] Wu, L., Zhang, Q., Shan, L., et al., "Identifying Critical Factors Influencing the Use of Additives by Food Enterprises in China," *Food Control*, 2013, 31 (2): 425 - 432.

消费者的街头食品风险规避行为及其影响因素研究

——基于计划行为理论的实证分析*

毛丹卉　王　媛　陆　姣　贾慧敏　程景民**

摘　要：消费者的街头食品风险规避行为可以有效减少食源性疾病的发生，促进食品经营者食品卫生状况的改善。本研究以计划行为理论为基础，融入知识变量，利用结构方程模型，分析消费者街头食品风险规避行为的影响机制。本研究采用分层随机抽样，对太原市的社区居民进行调查，共发放问卷540份，有效回收率为98%。结果显示，模型对街头食品风险规避行为的解释量最高可达76%。被调查者的街头食品风险规避行为水平普遍较低。知识、态度、主观规范和感知行为控制均可影响消费者的风险规避意向，且态度、知识对意向的影响最大。其中，消费者对个人卫生、用具卫生、资质认证等专业知识的了解程度最低。因此，为促进街头食品安全问题的解决，需加强相关法律法规的宣传，细化对消费者食品安全风险相关知识的科普教育，提高全民规避街头食品安全风险的积极性，最终提高全民的街头食品风险规避行为水平。

---

* 本文是教育部人文社会科学研究规划基金项目“食品安全危机信息传播的协同治理措施研究”（编号：18YJA630015）阶段性研究成果。

** 毛丹卉，山西医科大学管理学院博士研究生，主要从事食品安全监管体制机制方面的研究；王媛，山西医科大学管理学院本科生，专业为公共事业管理（卫生事业管理方向）；陆姣，山西医科大学管理学院讲师，主要从事行为决策与健康管理、卫生政策与卫生事业管理等方面的研究；贾慧敏，山西医科大学管理学院博士研究生，主要从事食品安全监督管理体制机制方面的研究；程景民，山西医科大学管理学院教授，山西医科大学卫生政策与管理研究中心主任，主要从事卫生政策与卫生事业管理方面的研究。

关键词： 街头食品　风险规避行为　影响因素　计划行为理论

一　引言

世界卫生组织（World Health Organization，WHO）的报道显示，街头食品的微生物污染、化学污染等风险较高，易使消费者罹患沙门氏菌病、李斯特菌病、伤寒、霍乱等食源性疾病，进而对人体健康产生极大的危害，街头食品的安全问题正在且即将成为一个全球性的公共卫生问题[1]。相较于其他食品形式而言，街头食品不仅能够体现国家的饮食文化，更因其方便快捷的特性而成为各个国家普遍存在的饮食业态[2]。梳理全球范围内各个国家的街头食品现状可以发现，街头食品从业人员数量庞大，已经成为数百万中低学历人群的主要就业形式。尤其是对于国民受教育程度较低的发展中国家和不发达国家而言，街头食品更可能是多数底层人群仅有的就业机会。一项对印度街头食品现状的研究发现，其街头食品从业人员的人口数超过了 2000 万[3]。然而，也正是由于较低的受教育水平的影响，街头食品从业人员对食品卫生的关注度较低，在食品的制作中常常存在交叉污染、加热不足、存储不当等卫生问题，导致食源性疾病频发、高发[4]。我国的情况也不容乐观。2016 年《中国卫生和计划生育统计年鉴》的数据显示，因街头食品导致的食源性疾病占所有食源性疾病发病人口的 14%[5]。

事实上，微生物病原是引发街头食品食源性疾病的主要风险。街头食品中的微生物病原不仅种类繁多且含量较高。Wolde 等对埃塞俄比亚东部 132 个街头食品进行微生物风险评估发现，72% 的街头食品中至少含有一种致病性微生物，如大肠杆菌、金黄色葡萄球菌、沙门氏菌等[6]。Mesias 通过分析菲律宾街头食品中大肠杆菌的含量发现，其最低也有 6.3 log CFU/g[7]。Lee 等对我国街头食品中沙门氏菌的风险评估也得出了类似的结论，研究发现我国 48% 的街头食品中沙门氏菌含量超过 20 CFU/cm^2[8]。微生物病原风险的产生与恶化主要与食品从业人员的不卫生行为相关，包括生熟混放、手部不卫生、原材料不安全以及储存不当等[9~12]。Sharmila 对街头食品从业人员的不卫生行为与微生物病原风险之间的相关性研究发现，在所有不卫生行为中，原材料不安全与储存不当造成的微生物病原风险最高，容易导致食品被大肠杆菌、沙门氏菌、霍乱弧菌、痢疾杆菌、单核细胞增多性李斯特氏菌和志贺氏菌等多种微生物病原污染[13]。

令人担忧的是，街头食品摊点品种繁多、数量庞大、流动性强。同时，街头食品从业人员受教育水平低、缺乏食品安全意识，常常存在无证、无照经营的问题，且其在食品的制作中常常选择逃避责任，加大了政府的监管难度[14,15]，必须寻求更有效的办法予以监管。随着新公共治理理论以及食品安全社会共治理念的提出，消费者作为公共事务管理的强有力主体之一，可能在街头食品的实时监管中起到重要作用[16]。消费者可以通过对其卫生状况与食品加工过程的风险评判来决定是否购买食品或者是否采取维权行为，使风险得到规避：一方面，通过不购买或举报投诉的行为使自己远离不安全的街头食品；另一方面，不购买或举报投诉的行为也将促使街头食品从业人员不断规范自身行为，保证食品卫生。为此，本研究以消费者的街头食品风险规避行为为研究核心，分析影响其是否履行风险规避行为的关键因素，进而提出干预消费者行为的有效策略。

二　理论基础与研究假设

风险规避行为在公共卫生等领域由来已久[17]。Shadick 等首次在疾病健康的研究中运用这一概念并将其应用于莱姆病的风险规避行为研究[18]。自此之后，这一概念被健康领域的学者进一步深化，逐步运用于诸如二手烟的风险规避行为研究[19,20]。综合前人的定义，结合我国食品安全监管的实际，本研究将消费者的街头食品风险规避行为定义为“消费者一旦发现街头食品风险，为减少自身暴露于街头食品风险中的机会所采取的规避行为，具体包括，消费者主动的举报投诉行为与被动的远离行为”[21]。计划行为理论（Theory of Planned Behavior，TPB）是研究行为以及行为干预的经典理论，长期以来被应用于健康领域的各类研究中，解释了不同群体诸如口腔卫生行为、减肥行为等健康行为与风险行为的形成与干预[23~25]。根据计划行为理论，本研究中影响消费者街头食品风险规避行为的主要因素有态度、主观规范、感知行为控制和意图[22]，个体行为主要受意图和感知行为控制的影响，而意图受态度、主观规范、感知行为控制的影响。

据此，提出以下五个研究假设（见图 1）。

H1：消费者风险规避态度对消费者风险规避行为意向产生显著的正向影响。

H2：消费者风险规避主观规范对消费者风险规避行为意向产生显著的正向影响。

H3：消费者风险规避感知行为控制对消费者风险规避行为意向产生显著的正向影响。

H4：消费者风险规避感知行为控制对消费者风险规避行为产生显著的正向影响。

H5：消费者风险规避行为意向对消费者风险规避行为产生显著的正向影响。

但是，在长期的实践中发现，计划行为理论的结构变量中存在缺陷，某些变量的缺失导致模型对变异的解释率不高。为此，学者纷纷尝试引入新的变量以进一步完善并拓展计划行为理论模型，有些加入前置因子解释态度、主观规范和感知行为控制的形成机制，有些加入了态度、主观规范和感知行为控制的平行因子完善对意图的解释[23~25]。与此同时，由于知识一直以来被认为是影响消费者选择动机的因素，且其作为行为形成改善过程中的重要影响因素，不仅可以指导被调查者有更坚定的主观规范和更高的感知行为控制水平，而且可以影响意图[23,26~29]。因此，本研究在计划行为理论模型中引入知识变量，探究知识、态度、主观规范、感知行为控制、意图与消费者规避行为之间的关系，为后续干预策略的提出提供新的思路。据此，提出以下假设（见图 1）。

H6：消费者食品安全风险知识对消费者风险规避态度产生显著的正向影响。

H7：消费者食品安全风险知识对消费者风险规避主观规范产生显著的正向影响。

H8：消费者食品安全风险知识对消费者风险规避感知行为控制产生显著的正向影响。

H9：消费者食品安全风险知识对消费者风险规避意向产生显著的正向

影响。

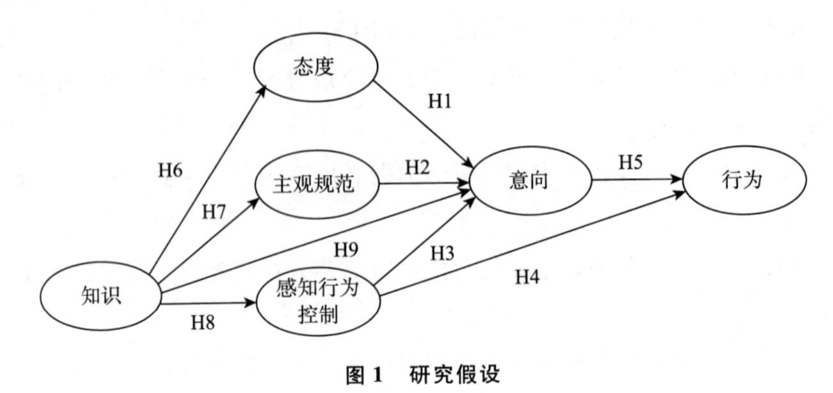

图 1　研究假设

三　研究设计

（一）研究对象

本研究采用分层随机抽样的方法，在山西省太原市进行自填式问卷调查。首先，从太原市的 6 个区中随机选取 3 个街道；其次，从每个街道中随机选取 2 个社区；最后，采取便利抽样的方法对正在购买街头食品的消费者进行调查。调查时间为 2018 年 3 月 3 日至 2018 年 7 月 3 日。共发放问卷 540 份，问卷回收率为 98%，问卷有效率为 91%。调查所考虑的人口特征为年龄、性别、受教育程度、家庭共同居住人数、常住地、职业状况、家庭月人均收入等，共有 221 名男性和 268 名女性被调查。所调查人口中，26～45 岁的被调查者人数最多，占总人口的 52%，其次为 46～65 岁的被调查者，占比达 32%。其中，受教育程度最多的被调查者为高中以下学历，占比达 63%，其次为高中以上学历，占比达 37%。与此同时，82% 的被调查者常住地是城市，63% 的被调查者为在职人员。此外，家庭月人均收入主要集中在 501～1500 元（29%）和 1501～4000 元（40%）。超过 50% 的被调查者表示接受过一次或多次食品安全教育。被调查者购买的街头食品中早餐、午餐、晚餐及加餐分别占 13%、12%、16% 及 17%。有 31% 的被调查者经常食用饼类小吃（如肉夹馍、薄煎饼、肉饼），8% 的被调查者经常食用火锅类小吃（如麻辣拌），19% 的受访者经常食用汤类小吃（如粥、麻辣烫等），31%的受访者经常食用烤肉类小吃（如烤豆腐制品、烤牛排等）。有55%的被调查者表示最近半年在食用过街头食品后出现过腹泻、胃肠疼痛等问题。

（二）研究工具

本研究基于TBP以及实际情况自行设计问卷。问卷内容主要包括人口特征信息（7项）、消费者关于街头食品安全有关法律法规等知识（见表2）、规避行为（见表3）、规避态度、主观规范、感知行为控制和意向。消费者关于街头食品安全的有关知识涵盖环境卫生、摊贩个人卫生、食品操作卫生、食品储存卫生、炊具卫生、包装卫生、资质认证等几个方面。变量的测量采用Likert 5点量表（从5分到1分）。采用KMO与Cronbach's α分别对问卷的效度和信度进行评价（见表1）。

表1　问卷的效度信度

名称	Cronbach's α	KMO
知识问卷	0.74	0.85
规避行为问卷	0.75	0.81
规避态度问卷	0.77	0.69
规避主观规范	0.85	0.73
规避感知行为控制感	0.71	0.67

（三）调查方法

正式调查前，先对20余名调查人员进行了主题意义、问卷主要内容、调查技巧等方面的培训，并进行预调查对问卷进行修订。调查中调查员现场收回并检查，以保证问卷的真实性和完整性。调查后由专人负责问卷整理和录入工作，录入过程采用平行双人录入，数据由研究人员用Epidata输入，确保数据录入的质量。

（四）统计方法

采用SPSS 22.0和SPSS AMOS 21.0对数据进行描述和分析。统计描述采用均值和标准差，统计推断采用F检验和t检验，并采用结构方程模型对模型进行构建及检验。结构方程模型检验采用 χ^2/df、GFI、IFI、TLI 以及 RMSEA。所有检验的显著性均在 95% 置信区间内进行。数据处理中出于保密考虑，避免使用名称和其他标识符。

四　研究结果

（一）被调查者对街头食品安全有关知识的了解程度

被调查者对街头食品安全知识了解程度最高的是环境卫生，最低的是资质认证。其中，“设置应远离垃圾和厕所设施（这些设施是用于保护食品远离老鼠、苍蝇和蟑螂）”得分为 3.95 ±1.09；随后是“使用食品级包装材料，等食品冷却后再进行包装”和“分开包装”，得分分别为 3.75 ±1.43 和 3.68 ±1.37；得分最低的是“张贴登记卡和健康证”，得分为 2.48 ± 1.13（见表 2）。

表 2　参加者关于街头食品安全的有关知识了解程度（N =489）

条目	平均值	标准差
张贴登记卡和健康证	2.48	1.13
设置远离垃圾和厕所设施	3.95	1.09
使用纯净水并加盖盖子	2.71	1.08
从业人员佩戴手套并及时更换	2.91	1.16
从业人员整洁穿戴口罩、服装等	3.58	1.33
保证食品烹饪温度和时间	3.52	1.34
使用食品级加工器皿并保证清洁	2.72	1.34
使用食品级包装材料，等食品冷却后再进行包装	3.75	1.43
分开包装	3.68	1.37
室温储存不超过 2 小时，超过则需要低温储存	3.43	1.30

（二）被调查者对街头食品安全风险的规避行为

被调查者对街头食品安全风险的规避行为最突出的是对不新鲜原材料的规避，最不突出的是对未按要求张贴资质认证的规避。其中，规避

“原材料不新鲜不卫生”项目的得分为3.68 ±1.34；其次是“随意倾倒垃圾和废水”和“周围环境卫生差，如靠近垃圾和厕所设施”，得分分别是3.66 ±1.34和3.61 ±1.31；被调查者对“未按要求张贴登记卡和健康证”的得分最低，为1.28 ±0.45（见表3）。

表3　被调查者关于街头食品安全风险的规避行为

条目	平均值	标准差
未按要求张贴登记卡和健康证	1.28	0.45
周围环境卫生差，如靠近垃圾和厕所设施	3.61	1.31
没有设置“三防”设施	3.15	1.14
随意倾倒垃圾和废水	3.66	1.34
加工用水不是纯净水，或没有加盖盖子	2.81	1.13
没有戴手套或没有及时更换	3.47	1.18
从业人员没有整洁穿戴口罩、服装等	2.51	1.36
原材料不新鲜不卫生	3.68	1.34
加热不充分	3.07	1.09
生熟加工案板没有分开使用，不清洁	2.72	1.28
未使用充分消毒的食品级用具	2.42	1.25
没有使用食品级包装材料，或冷却后再包装	3.57	1.40
混合包装	3.36	1.41
室温储存超过2小时	3.29	1.15

（三）社会人口学特征中知识和规避行为的差异性

男性对有关知识的了解程度和风险规避行为水平显著低于女性（$p < 0.05$）。受教育程度较高的人群对有关知识的了解程度和风险规避行为水平显著高于其他人群（$p < 0.05$）。独居者的风险规避行为显著高于非独居者（$p < 0.05$）。居住在城市的人群的风险规避行为显著高于居住在农村的人群（$p < 0.05$）。接受食品安全教育的被调查者的风险规避行为显著高于未接受食品安全教育者（$p < 0.05$）。

（四）风险规避行为的影响机制

消费者街头食品风险规避行为的影响机制的模型拟合结果见表 4，模型拟合良好。模型的标准化路径系数如表 5 所示。模型中对行为和意图的解释能力较好。模型 Ⅰ 可以解释 72% 的风险规避行为，模型 Ⅱ 可以解释 76% 的风险规避行为，模型 Ⅲ 可以解释 75% 的风险规避行为。模型 Ⅱ 中知识对风险规避行为的效应为 0.25（相对效应量为 24.0%），态度对风险规避行为的效应为 0.28（27%），主观规范对风险规避行为的效应为 0.14（14%），感知行为控制感对风险规避行为的效应为 0.37（36%）。知识对风险规避行为的总效应在模型 Ⅲ 为 0.72（见表 5）。研究假设均成立，见表 6。

表 4 模型拟合结果

编号	χ^2	df	χ^2/df	GFI	IFI	TLI	RMSEA
模型 Ⅰ	80.88	37	2.19	0.97	0.98	0.97	0.05
模型 Ⅱ	369.22	198	1.87	0.93	0.95	0.94	0.04
模型 Ⅲ	414.03	202	2.05	0.93	0.94	0.93	0.05

表 5 结构方程模型标准化路径系数

编号	关系路径	标准化路径系数
模型 Ⅰ	消费者风险规避态度→消费者风险规避行为意向	0.57
	消费者风险规避主观规范→消费者风险规避行为意向	0.30
	消费者风险规避感知行为控制→消费者风险规避行为意向	0.30
	消费者风险规避感知行为控制→消费者风险规避行为	0.29
	消费者风险规避行为意向→消费者风险规避行为	0.61
模型 Ⅱ	消费者风险规避态度→消费者风险规避行为意向	0.37
	消费者风险规避主观规范→消费者风险规避行为意向	0.18
	消费者风险规避感知行为控制→消费者风险规避行为意向	0.33
	消费者风险规避感知行为控制→消费者风险规避行为	0.12
	消费者风险规避行为意向→消费者风险规避行为	0.77
	消费者食品安全风险知识→消费者风险规避态度	0.32

续表

编号	关系路径	标准化路径系数
模型Ⅲ	消费者风险规避态度→消费者风险规避行为意向	0.61
	消费者风险规避主观规范→消费者风险规避行为意向	0.29
	消费者风险规避感知行为控制→消费者风险规避行为意向	0.36
	消费者风险规避感知行为控制→消费者风险规避行为	0.26
	消费者风险规避行为意向→消费者风险规避行为	0.65
	消费者食品安全风险知识→消费者风险规避态度	0.76
	消费者食品安全风险知识→消费者风险规避主观规范	0.44
	消费者食品安全风险知识→消费者风险规避感知行为控制	0.69

表6　假设验证

关系路径	假设	结论
消费者风险规避态度→消费者风险规避行为意向	H1	成立
消费者风险规避主观规范→消费者风险规避行为意向	H2	成立
消费者风险规避感知行为控制→消费者风险规避行为意向	H3	成立
消费者风险规避感知行为控制→消费者风险规避行为	H4	成立
消费者风险规避行为意向→消费者风险规避行为	H5	成立
消费者食品安全风险知识→消费者风险规避态度	H6	成立
消费者食品安全风险知识→消费者风险规避主观规范	H7	成立
消费者食品安全风险知识→消费者风险规避感知行为控制	H8	成立
消费者食品安全风险知识→消费者风险规避意向	H9	成立

五　研究讨论

随着食源性疾病对人们健康的影响日益严重，街头食品已经成为政府食品安全监管中的重点内容，2018年5月1日，我国出台并实施《街道摊贩食品管理规定》就是最好的佐证。但是，在当下食品行业准入门槛逐渐提高、卫生设施配备日益完善以及卫生监管力度不断加大的情况下，街头食品从业人员的卫生规范水平仍然普遍偏低，这是其他发展中国家或不发达国家普遍面临的问题。Samapundo等发现，虽然海地60%以上的街头食品摊点均张贴了认证资质，但从业人员的手部和包装卫生情况依然不容乐观；越南超过一半的街头食品摊点以户外为主，且没有任何“三防”设施和洗手设施[30,31]。Cortese 等的研究也发现，超过 90% 的街头食品从业人员拿过钱后不洗手，100% 的街头食品摊点没有洗手设施[32]，这种现象可能与消费者的街头食品风险规避行为水平较低相关。本研究发现，被调查者对街头食品的风险规避行为水平相对较低，且主要表现在男性、独居者、农村人口与低学历人口等人群中，这与叶蔚云等和 Quinlan 提出的中国应加强对低教育水平、男性、农村人口等人群的食品安全教育的结论相似[33,34]。

与此同时，本研究中基于计划行为理论所构建的结构方程模型的结果显示，意图是影响被调查者街头食品风险规避行为的主要因素。同时，意图又受到态度、主观规范和感知行为控制的影响，其中，态度对意图的影响最大。此外，知识这一变量的引入提高了整个模型对消费者街头食品风险规避行为的解释力，说明知识在消费者的街头食品风险规避行为中起到了重要作用，并且知识对意向的作用仅次于态度。本研究的结果也发现，被调查者对街头食品有关卫生知识与安全知识的了解程度整体较低，这也从侧面解释了被调查者的街头食品风险规避行为水平较低的现实。这与 Asiegbu 等的研究结果一致，其对南非消费者的调查发现，70% 的消费者从未听说过李斯特菌、沙门氏菌、弯曲杆菌等[35]。具体而言，大多数被调查者的环境卫生知识得分较高，这可能得益于 1949 年以来我国长期大力开展环境卫生知识宣传教育[36,37]。但是，本研究也发现，被调查者对从业人员个人卫生、用具卫生、资质认证等方面的知识了解水平相对较低，这可能与我国对食品安全法律法规以及专业化知识的宣传教育力度不足相关[38,39]。一方面，我国《街道摊贩食品管理规定》的实施时间较短，自 2018 年 5 月 1 日实施以来并没有得到较为有力的宣传，消费者对其内容知之甚少；另一方面，我国的食品安全教育常常以笼统概念为主，对专业化知识与概念的解读较为缺失。此外，本研究中男性的食品安全卫生知识水平显著低于女性，受教育程度较低人群的知识水平显著低于受教育程度较高人群[40,41]。因此，街头食品安全教育中不仅应重视专业知识的传播，也应根据不同人群特点进行相应的调整。

此外，在模型的拟合中，知识作为前置因素对消费者街头食品风险规避行为的解释效应优于其作为平行因素的解释效应，即在基于计划行为理论的模型研究中，知识更可能是一个平行的因素，而不是一个前置因素，这表明更为广泛的食品安全知识普及在提高消费者街头食品风险规避行为方面可能更有效。

六 研究结论与建议

本研究发现，消费者的街头食品风险规避行为水平较低，知识对消费者的街头食品风险规避行为具有重要影响。本研究中，被调查者对街头食品卫生加工的认识水平普遍较低，虽然现有法律法规已经对相关问题进行了明确，但是并没有对消费者的认知产生积极的影响，消费者对新法律法规以及一些食品安全观念内涵的认识还有待提高。在食品安全问题的治理中，需要加大食品安全科普宣传力度，提高消费者对街头食品风险的识别和规避能力，提高消费者参与街头食品安全治理的积极性。具体而言，第一，加大政府对食品安全的宣传和科普力度。消费者街头食品风险规避行为不良的主要原因为消费者对食品安全的重视程度不够，始终抱有“不干不净吃了没病”的侥幸思想。政府应通过多种途径宣传与食品安全有关的科普常识，并逐步扩大食品安全科普的有关内容，提高公众对不达标街头食品造成身体健康危害的意识，逐渐让消费者形成少去或不去卫生环境差、食品质量低的街头摊贩处就餐的习惯。第二，加强食品监管部门对街头食品从业者的正确引导和科学管理。我国街头食品大多存在餐饮环境差、流动性高、成本小、受监管程度低等问题，监管部门应该通过正确引导和教育宣传，帮助街头食品从业者扭转观念，改善饮食卫生条件。第三，融入社会组织、舆论媒体等社会力量。面对庞大的街头食品从业者群体，应该发挥社会组织或舆论媒体等机构（统称第三方机构）的力量，形成由政府搭台、第三方机构提供数据或技术支持的合力。

参考文献

[1] WHO（World Health Organization）. Basic Steps to Improve Safety of Street-vended

Food [EB/OL]. http://www. who. int/foodsafety/fs_managemet/No_03_StreetFood Jun10_en. pdf. Accessed in 10th July, 2018.

[2] Estrada-Garcia, T., Lopez-Saucedo, C., Zamarripa-Ayala, B. et al., "Prevalence of Escherichia Coli and Salmonella spp. in Street-vended Food of Open Markets (Tianguis) and General Hygienic and Trading Practices in Mexico City," *Epidemiology & Infection*, 2004, 132 (6): 1181 - 1184.

[3] Bhowmik, S. K., "Street Vendors in Asia: A Review," *Economic & Political Weekly*, 2005, 40 (22/23): 2256 - 2264.

[4] Asiegbu, C. V., Lebelo, S. L., Tabit, F. T., "The Food Safety Knowledge and Microbial Hazards Awareness Of Consumers Of Ready-To-Eat Street-Vended Food," *Food Control*, 2015, 60: 422 - 429.

[5] 国家卫生和计划生育委员会：《中国卫生和计划生育统计年鉴》，中国协和医科大学出版社，2016。

[6] Wolde, B. T., Mekonnen, E. Y., Abate, R. M. et al., "Microbiological Safety of Street Vended Foods in Jigjiga City, Eastern Ethiopia," *Ethiopian Journal of Health Sciences*, 2016, 26 (2): 161 - 170.

[7] Mesias, I. C. P., "Quantitative Risk Assessment of E. coli in Street-vended Cassava-based Delicacies in the Philippines," *Iop Conference Series: Earth & Environmental Science*, 2018.

[8] Lee, H. K., Halim, H. A., Thong, K. L. et al., "Assessment of Food Safety Knowledge, Attitude, Self-reported Practices, and Microbiological Hand Hygiene of Food Handlers," *International Journal of Environmental Research & Public Health*, 2017, 14 (1): 55 - 68.

[9] Ebert, M., "Hygiene Principles to Avoid Contamination/Cross-Contamination in the Kitchen and During Food Processing," *Staphylococcus Aureus*, 2018.

[10] Whelan, E., "Working up a Lather: The Rise (and fall?) of Hand Hygiene in Canadian Newspapers, 1986—2015," *Critical Public Health*, 2018, 28 (4): 424 - 438.

[11] García, V. I., Rodríguez, A. B. D. Q., Paseiro, P. L., Sendón, R., "Identification of Intentionally and Non-intentionally Added Substances in Plastic Packaging Materials and Gheir Migration into Food Products," *Analytical & Bioanalytical Chemistry*, 2018, 410 (16): 3789 - 3803.

[12] Rabadán, A., Álvarez-Ortí, M., Pardo, J. E. et al., "Storage Stability and Composition Changes of Three Cold-pressed Nut Oils Under Refrigeration and Room Tem-

perature Conditions," *Food Chemistry*, 2018, 259: 31 - 35.

[13] Sharmila, R., "Street Vended Food in Developing World: Hazard Analyses," *Indian Journal of Microbiology*, 2011, 51 (1): 100 - 106.

[14] Dajaan, D. S., Addo, H. O., Luke, O., Eugenia, A., "Food Hygiene Awareness and Environmental Practices Among Food Vendors in Basic Schools at Kintampo Township, Ghana," *Food and Public Health*, 2018, 8 (1): 13 - 20.

[15] Okojie, P. W., Isah, E. C., "Sanitary Conditions of Food Vending Sites and Food Handling Oractices of Street Food Vendors in Benign City, Nigeria: Implication for Food Hygiene and Safety," *Journal of Environmental & Public Health*, 2014, (4): 701316 - 701321.

[16] Martinez, M. G., Fearne, A., Caswell, J. A. et al., "Co-regulation as a Possible Model for Food Safety Governance: Opportunities for Public-Private Partnerships," *Food Policy*, 2007, 32 (3): 299 - 314.

[17] Bem, C., "Social Governance: A Necessary Third Pillar of Healthcare Governance," *Journal of the Royal Society of Medicine*, 2010, 103 (12): 475 - 477.

[18] Shadick, N. A., Daltroy, L. H., Phillips, C. B., Liang, U. S. et al., "Determinants of Tick-avoidance Behaviors in an Endemic Area for Lyme Disease," *American Journal of Preventive Medicine*, 1997, 13 (4): 265 - 270.

[19] Lin, P. L., Huang, H. L., Lu, K. Y., Chen, T., Lin, W. T. et al., "Second-hand Smoke Exposure and the Factors Associated with Avoidance Behavior Among the Mothers of Pre-school Children: A School-based Cross-sectional Study," *BMC Public Health*, 2010, 10 (1): 606.

[20] Jung, M., Ramanadhan, S., Viswanath, K., "Effect of Information Seeking and Avoidance Behavior on Self-rated Health Status Among Cancer Survivors," *Patient Education & Counseling*, 2013, 92 (1): 100 - 106.

[21] Reyns, B. W., "Cyberbullying Victimization and Adaptive Avoidance Behaviors at School," *Victims & Offenders*, 2014, 9 (3): 255 - 275.

[22] Ajzen, I., "The Theory of Planned Behavior, Organizational Behavior and Human Decision Processes," *Journal of Leisure Research*, 1991, 50 (2): 176 - 211.

[23] Ranjbarian, B., Rehman, M., Lari, A., "Attitude Toward SMS Advertising and Derived Behavioral Intension, an Empirical Study Using TPB (SEM Method)," *Social-Economic Debates*, 2014, 3 (1): 42 - 59.

[24] Liobikienė, G., Mandravickaitė, J., Bernatonienė, J., "Theory of Planned Behavior Approach to Understand the Green Purchasing Behavior in the EU: A Cross-cultural

Study," *Ecological Economics*, 2016, 125: 38 - 46.

[25] 宋慧林、吕兴洋、蒋依依：《人口特征对居民出境旅游目的地选择的影响——一个基于 TPB 模型的实证分析》，《旅游学刊》2016 年第 2 期。

[26] Brein, D. J., Jr F. T., Kim, S. W. et al., "Using the Theory of Planned Behavior to Identify Predictors of Oral Hygiene: A Collection of Unique Behaviors," *Journal of Periodontology*, 2016, 87 (3): 312 - 319.

[27] Markl, M., "Effectiveness of Road Safety Educational Program for Pre-drivers About DUI: Practical Implication of the TPB in Developing New Preventive Program in Slovenia," *Transportation Research Procedia*, 2016, 14: 3829 - 3838.

[28] Reza, S., Narges, K., "Impact of Educational Intervention Based on Theory of Planned Behavior (TPB) on the Aids-preventive Behavior Among Health Volunteers," *Iranian Journal of Health Education & Promotion*, 2015, 3 (1): 23 - 31.

[29] 张增田、王玲玲：《基于计划行为理论的公务员参与廉政教育意向研究》，《中国行政管理》2015 年第 2 期。

[30] Samapundo, S., Thanh, T. N. C., Xhaferi, R., Devlieghere, F., "Food Safety Knowledge, Attitudes and Practices of Street Food Vendors and Consumers in Ho Chi Minh City, Vietnam," *Food Control*, 2016, 70: 79 - 89.

[31] Samapundo, S., Climat, R., Xhaferi, R., et al., "Food Safety Knowledge, Attitudes and Practices of Street Food Vendors and Consumers in Port-au-prince, Haiti," *Food Control*, 2015, 50 (3): 457 - 466.

[32] Cortese, R. D. M., Veiros, M. B., Feldman, C. et al., "Food Safety and Hygiene Practices of Vendors During the Chain of Street Food Production in Florianopolis, Brazil: A Cross-sectional Study," *Food Control*, 2016, 62: 178 - 186.

[33] 叶蔚云、曾美玲、林洁如：《广州市家庭食品安全操作及影响因素分析》，《中国公共卫生》2012 年第 3 期。

[34] Quinlan, J. J., "Foodborne Illness Incidence Rates and Food Safety Risks for Populations of Low Socioeconomic Status and Minority Race/Ethnicity: A Review of the Literature," *International Journal of Environmental Research & Public Health*, 2013, 10 (8): 3634 - 3652.

[35] Asiegbu, C. V., Lebelo, S. L., Tabit, F. T., "The Food Safety Knowledge and Microbial Hazards Awareness of Consumers of Ready-to-Eat Street-vended Food," *Food Control*, 2016, 60: 422 - 429.

[36] Lozier, H., Baeza, O., "Evaluation of Public Health Education with Reference to

Maternal and Environmental Hygiene," *Boletin De La Oficina Sanitaria Panamericana Pan American Sanitary Bureau*, 1951, 31 (6): 565 – 577.

[37] Gray, K. M., "From Content Knowledge to Community Change: A Review of Representations of Environmental Health Literacy," *International Journal of Environmental Research & Public Health*, 2018, 15 (3): 466.

[38] Pei, Y. W., Thong, K. L., Behnke, J. M. et al., "Evaluation of Basic Knowledge on Food Safety and Food Handling Practices Amongst Migrant Food Handlers in Peninsular Malaysia," *Food Control*, 2016, 70: 64 – 73.

[39] Moreb, N. A., Priyadarshini, A., Jaiswal, A. K., "Knowledge of Food Safety and Food Handling Practices Amongst Food Handlers in the Republic of Ireland," *Food Control*, 2017, 80: 341 – 349.

[40] Alsakkaf, A., "Domestic Food Preparation Practices: A Review of the Reasons for Poor Home Hygiene Practices," *Health Promotion International*, 2013, 30 (3): 427 – 437.

[41] Gurpreet, K., Tee, G. H., Amal, N. M. et al., "Incidence and Determinants of Acute Diarrhea in Malaysia: A Population-based Study," *Journal of Health Population & Nutrition*, 2011, 29 (2): 103 – 112.

CONTENTS

Abstract: On May 20, 2019, a document entitled "Opinions of the Central Committee of the CPC and the State Council on Deepening the Reform and Strengthening Food Safety" was issued, which clearly stated the "Four Most Stringent" standards that should serve as general guidelines for China's food safety governance in the new era. The present study analyzes the complexity and arduousness of food safety risk management in the new era, expounds the essence of the "Four Most Stringent" standards, and reveals that such standards of food safety governance represent a scientific summary based on both international experience and domestic practice of food safety risk management. As these standards could help reduce food safety risks as well as ensure the safety of food production in China's new era, we must adhere to these scientific and realistic paths over the long term. On this basis, we put forward suggestions for improving the quality of food safety risk management under the guidance of the "Four Most Stringent" standards in the medium to long term, including a reliance on scientific and technological progress to build a novel food safety standards system; the establishment of a unified authority system for food safety supervision based on scientific rules and principles; the strengthening of the rule of law and law enforcement priorities (so that people do not dare to break the rules, do not want to break the rules, and cannot break the rules); and the development of an accountability system, with the overall accountability for local government designated through continuous and uninterruptible practice.

Keywords: "Four Most Stringent Requirements"; Essence; Essential Connotation; Food Safety Risks; Scientific Governance

Abstract: In the new era, the principal contradiction has been transformed into the contradiction between the people's ever-increasing needs for a better life and unbalanced and inadequate development. Public's demands for food safety is rising day by day. However, as a public product, food safety has unbalanced and insufficient supply. Especially in the field of dairy products, the frequent occurrence of safety accidents such as the melamine milk powder incident and the mengniu scandal have triggered a crisis of trust in the dairy industry and restricted the development of the food industry. This paper found that governance mode has gone through several stages of development- "single-departmental governance, inter-departmental cooperation, big department integration, collaborative governance and big department integration 2.0" -through analysis of the security governance actor, object and method since the reform and opening up, taking dairy safety as an example. The trajectory is followed the rules of the development of food industry safety, and also agree with the historical development of social governance. Meanwhile, the cultivation of department leadership, the setting of policy agenda and the orderly participation of the public will determine the future direction of food safety collaborative governance. As the importance of safety supervision is increasingly prominent, the construction of food safety governance mode that is adapted to the development of the times and the needs of the people has become an important part of ensuring food safety.

Keywords: Food Safety; Dairy Product; Governance Mode

The Motivation and Path of China's Participation in International Co-governance of Food Safety

Lv Yuxin　Chi Haibo　/ 036

Abstract: Food safety is an important factor affecting the quality of life of Chinese residents, and food safety risk and the incidents caused by it have become one of the greatest social risks in China, which has attracted wide attention of the whole society. However, food safety risk governance is a global problem, which urgently needs the participation of all countries in the world to build an international co-governance pattern of food safety. Since the Boao Forum for Asia held in 2015 put forward the concept of international co-governance of food safety, great progress has been made in China's practice of participating in international co-governance of food safety, but the relevant theoretical research is lagging behind. Based on the current situation of domestic and international food safety situation, this paper explores the motivation of China's participation in international co-governance of food safety. From the domestic aspect, food safety has risen to the national strategy, the importance of imported food has increased; from the international aspect, global food safety risks have increased, food supply chain has developed in depth, food science and technology has caused new safety problems, and food safety trade barriers are high. All these factors promote China's participation in international co-governance of food safety. On this basis, we analyzed the problems faced by China's participation in international co-governance of food safety, such as different food safety regulatory systems and standards, immature international co-governance mechanism of food safety, and unstable international political and economic environment, which has hindered China's participation in international co-governance of food safety. Finally, in view of the many obstacles facing China, we propose an effective way to participate in international co-governance of food safety. China should focus on promoting the construction of international co-governance mechanism, strengthening the management of imported food supply chain, strengthening cooperation in food safety technology and standards, and establishing a multilateral cooperation mechanism for food safety.

Keywords: Food Safety; International Co-governance; Food Supply Chain; Food Science and Technology

Capacity Constraints, Information Asymmetry and Food Safety Risk Management

Abstract: It is shows that the total number of food safety incidents in China is still very high, and the marginal efficiency of food safety regulation policy of China is decrease. Based on the reality, this paper tries to supply a new perspective for food safety risk management by theoretical research and a simple case study. The results show that food safety incidents are result from the co-effect of information asymmetry and capacity constraints. Then this paper supplies an ideal food quality regulation system by taking both punishment and stimulation into consideration. Punishment is used to prevent moral absent of producers, while stimulation is employed to relief input and technology constraints. The conclusions of this study expend food economics and management theory and are helpful for improve food regulation institution in practice.

Keywords: Food Safety Management; Input and Technology Constraints; Information Asymmetry; Stimulation and Punishment

Consumer Demand for Traceable Pork Information Attributes

Hou Bo　Hou Jing　/ 075

Abstract: It is of great value to study the Consumer Demand for Traceable Pork Information Attributes with pre-existing quality assurance and post-tracking function, which can adjust the production and supply structure of traceable food and promote traceable market development. This paper sets traceable pork contours including pork quality inspection, quality management system certification, supply chain traceability and supply chain + internal traceability and samples 604 customers in Wuxi City of Jiangsu Province to study the consumption preferences of different levels of safety information and the market share of traceable pork based on the sequence estimation method combing the BDM auction experiment and menu selection experiment. The results of the study indicate that consumers are willing to pay a premium for traceable pork with information attributes, where the pork quality detection attribute is the most preferred safety information attribute for consumers. Moreover, under the menu selection experiment method, most consumers will not choose a combination of attributes. The results of the market simulation also found that if all traceable pork types with different information attributes were placed in the market, the combined market share would far exceed that of ordinary pork. Based on the results, this paper proposes the basic path for the development of China's traceable pork market system.

Keywords: Traceable Pork; BDM Auction Experiment; Menu Selection Experiment; Willingness to Pay

Traceability to Responsibility for Trust, Vertical Collaboration and Control of the Pork Sellers' Behavior About Quality and Safety: The Practical Effect of the Quality and Safety Effect of the Pork Traceability System

Abstract: Based on the questionnaire survey data of 636 pork sellers in 16 wholesale markets and 32 farmers' markets in Beijing, Shanghai and Jinan, the pork sellers' behavior about quality and safety and its influencing factors are systematically and thoroughly analyzed. The effect of traceability trust and longitudinal cooperation on the pork sellers' behavior about quality and safety is emphatically investigated. Bivariate probit model and the instrumental variable method are used to solve the endogenous problem of traceability trust variables. At the same time, an innovative answer to the question of "How about the real effect of the quality and safety effects of the pork traceability system" is given. The study found that: Pork sales as the last part of the problem pork into the market, the problem of quality and safety still exists, and 31.13% of the people said they had encountered the problem of pork quality and safety in the last two years, of which water injection was the most serious problem, and 22.17% of them said they had encountered the problem of water injection, and other problems including losing freshness residues of forbidden drugs such as lean meat essence, dead meat, etc. It is less likely to encounter problems of pork quality and safety for the sellers who have high trust in the traceability to responsibility, and the variable of traceability accountable trust is endogenous, if it is not taken into consideration, it will underestimate the impact of traceability accountable trust variables on pork sellers' behavior about quality and safety; The instrumental variables of traceability system participation and selling brand pork significantly affect the seller trust in the pork traceability accountable ability, which further verified the practical effect of China's pork traceability system mechanism play a security role of the quality and quality safety effect; pork sellers' behavior about quality and safety was also affected by the variables of the relation of sales, punishment and age. Finally, this paper proposes to strengthen source control and legal publicity to eliminate pork sellers' behavior about quality and safety fundamentally. Increase the intensity of detection and punishment, and explore the establishment of the registration and credit evaluation system of the pork dealers. Strengthen the propaganda of the traceability system of pork and the tracing the source of responsibility, and improve consumers' habit of tracing back to source and accountability, and trust and trust of pork sellers, so as to give full play to the supervision and propaganda role of social organizations.

Keywords: Traceability Trust; Vertical Collaboration; Pork Sellers; Quality Safety Behavior; Pork Traceability System

Research on the Irrational Equilibrium of Consumers' Safe Consumption and its Influencing Factors

Wang Jianhua *Shen Minmin* *Zhu Dian* / 118

Abstract: In recent years frequent food safety incidents have greatly reduced consumers' trust in food safety, meanwhile consumers' demand for safe food has increased. However, to safe consumption, there is an inconsistency between consumers' willingness and actual purchase behavior. Some consumers who have a willingness to consume safe foods do not produce actual purchase behavior ultimately, resulting in an "irrational equilibrium" phenomenon in the safe food consumption market. In view of this, this paper selects pork as a typical representative of safety certified agricultural products, based on the survey data of 844 consumers in Jiangsu Province and Anhui Province for RPL analysis and binary

Logit regression analysis to study the consumer's safe consumption willingness and purchasing behavior are studied from two aspects: consumers' preference for different attribute levels of safety certification products and factors affecting consumers' safe consumption. The results of the study show that consumers have a significant preference for pork with additional green food certification, organic food certification, origin information and "no additives and veterinary drug residue labeling" characteristics. Labeling such information on pork can effectively enhance consumers. Consumers' inconsistency in the purchase intention and purchase behavior of safely certified pork is affected by many factors, such as gender, age, annual household income, and the degree of trust of consumers in the quality and safety certification mark of agricultural products, the degree of understanding of safety certified pork and the degree of concern about pork quality and safety. Based on the results of two empirical analyses, it can be concluded that the price and age factors are the main influencing factors that lead to the "irrational equilibrium" of consumer safe consumption. The conclusions of this paper are intended to provide a reference for the establishment of a safe and certified food market and the establishment of a safe and certified food market order suitable for China's national conditions.

Keywords: Safe Consumption; Irrational Equilibrium; Safety Certification Pork; Purchase Intention; Consumption Preference

Abstract: Reducing the amount of chemical fertilizers and pesticides is an inevitable choice to reduce China's grain production costs, increase the supply of high-quality food and enhance the competitiveness of the grain industry. Under the background of family contract responsibility system, the promotion of fertilizer- and pesticides-reducing technologies must be supported by the development of production services to create a favorable environment for farmers to adopt technologies and reduce technical difficulty. Based on the data of 601 rice farmers in Zhejiang and Jiangsu Province in China, this paper analyzed the types and intensity of farmers' demands for productive services and its influencing factors. The Kano Model showed that the most urgent needed services of rice farmers were plant protection information, a unified supply of seedlings and unified prevention and treatment services, while their response to the material supply information service and soil testing information service were most negative. In view of the consistency of productive services at regional level, Hierarchical Linear Model is used to analyze influencing factors of farmers' demand. The results show that for the farmers with low-level technology adoption, their demands for the services are significantly impacted by economic development level, production areas, rice planting labor and technical cognition, while for those farmers with high-level technology adoption, regional service levels and production areas significantly affect their service demands. In view of this, we should focus on the plant protection information, a unified supply of seedlings and unified prevention and treatment services, improve the supply of production services and service system for farmers with different levels of technology adoption.

Keywords: Fertilizer and Pesticides-reducing Technologies; Production Services; Demand Intensity; Kano Model; Hierarchical Linear Model

The Low Carbon Terminal Distribution Path Planning for E-commerce Direct Matching Mode of Fresh Agricultural Products

Pu Xujin　Li Xiufeng

Abstract: Logistics distribution is an important part of the development of e-commerce for fresh agricultural products. This paper has considered the characteristics of e-commerce distribution of fresh produce, this paper objectively analyzes the problems of high distribution cost, high damage rate and lagging cold chain logistics in the e-commerce distribution of fresh agricultural products in China, starting from the timeliness of fresh produce. The problem of direct matching of fresh products with the latest delivery time limit for consumers; at the same time, based on the analysis of cold chain distribution costs, the driving distance and load capacity of refrigerated distribution vehicles are the key factors affecting fuel consumption. The fuel consumption model is constructed, and the mixed integer programming model of the problem is established. Then the direct distribution vehicle routing model including multiple production bases is constructed. The coding method of the problem is designed. The clustering optimization design of the community is designed to solve the problem based on the simulated annealing algorithm. The results show that the simulated annealing algorithm can scientifically configure the logistics route, reduce the usage of refrigerated delivery vehicles without reducing customer satisfaction, and achieve both distribution cost and customer satisfaction.

Keywords: Fresh E-commerce; Logistics Distribution; Direct Procurement & Direct Distribution; Simulated Annealing Algorithm

Abstract: This paper studies the influencing mechanism of provincial environment and individual features on the public's risk perception of food safety. Based on risk perception theory, risk perception includes three dimensions, i. e., risk-control ability, risk familiarity and risk exposure. Thereby, we selected local normative documents, annual food sampling times and the provincial GDP to represent the three indicators as explanatory variables in the background level. Demographic characteristics, including gender, age, marriage, birth, education and residence place are chose as explanatory variables in the individual level. After building a hierarchical linear regression model, the influencing factors of the food risk perception is explored and discussed. The study found that younger, married and well-educated urban women have higher food risk perception. The more the annual food sampling times in the local regulatory department, the public perceive lower the food risk and the influence from gender to food risk perception is also much lower. Provincial GDP and local normative documents' influence to public's perception of food safety is not significant, but they have reverse moderate effects on the influence of age to food risk perception.

Keywords: Food Safety; Risk Perception; Hierarchical Linear Regression Model

The Consumers' Risk Avoidance Behaviors and its Influencing Factors to the Street Food

—An Empirical Analysis Based on the Theory of Planned Behavior

Mao Danhui　Wang Yuan　Lu jiao　Jia Huimin　Cheng Jingmin　/ 198

Abstract: The consumers' risk avoidance behaviors could effectively reduce the occurrence of food-borne diseases, which is conducive to the improvement of food hygiene conditions of food operators. Based on the Theory of Planned Behavior, this study incorporates knowledge variables and uses Structural Equation Modeling to analyze the impact mechanism of the consumers' risk avoidance behaviors. In this study, stratified random sampling was used to investigate community residents in Taiyuan. A total of 540 questionnaires were distributed, with an effective recovery rate of 98%. The results show that the explanation of the model for risk aversion behavior of street food could be as high as 76% . Respondents generally had a low understanding of food safety knowledge and risk avoidance behaviors in street food. The knowledge, the attitude, the subjective norms and the perceived behavior control could all affect consumers' risk avoidance intention, among which attitude and knowledge had the largest impact on intention. Among them, consumers have the lowest understanding of personal hygiene, appliances hygiene, qualification certification and other professional knowledge. In order to promote the improvement of street food safety problems, it is necessary to strengthen the supervision and management of producers, publicizing relevant laws and regulations of producers and consumers, refining the popular science education of food safety risk related knowledge, improving the enthusing of the public to avoid food safety risks, and finally improving the risk avoidance behaviors.

Keywords: Street Food; Risk Avoidance Behaviors; Influencing Factors; Theory of Planned Behavior

图书在版编目(CIP)数据

中国食品安全治理评论. 2019年. 第1期 : 总第10期/
吴林海主编. -- 北京 : 社会科学文献出版社, 2019.6
ISBN 978-7-5201-5117-7

Ⅰ. ①中… Ⅱ. ①吴… Ⅲ. ①食品安全-安全管理-研究-中国 Ⅳ. ①TS201.6

中国版本图书馆CIP数据核字(2019)第137030号

中国食品安全治理评论(2019年第1期 总第10期)

主　　编 / 吴林海
执行主编 / 浦徐进

出 版 人 / 谢寿光
组稿编辑 / 周　丽
责任编辑 / 颜林柯

出　　版 / 社会科学文献出版社·经济与管理分社(010)59367226
地址:北京市北三环中路甲29号院华龙大厦　邮编:100029
网址:www.ssap.com.cn
发　　行 / 市场营销中心(010)59367081　59367083
印　　装 / 三河市尚艺印装有限公司

规　　格 / 开 本:787mm×1092mm　1/16
印 张:14.5　字 数:217千字
版　　次 / 2019年6月第1版　2019年6月第1次印刷
书　　号 / ISBN 978-7-5201-5117-7
定　　价 / 98.00元